# 不要在該磨練的年紀選擇安逸

## 42堂價值百萬的職場心法！

王鵬程

# 前言 只有你才能決定自己的樣子

2016 年 2 月，我招收了 200 名學員，在網路上開了一門課，名為《職場幸福課》。

在學員微信群裡，我發起了一個「我所理解的幸福」活動，作為課前熱身，請學員們以「我所理解的幸福……」開頭，寫下他們對於幸福的看法。

群組裡兩百名學員的答案千差萬別，相去甚遠。

我總結歸納為「幸福九式」：

## 1. 簡單粗暴式

我所理解的幸福，就是有錢，有愛，有說「不」的權利。

我所理解的幸福，就是實現內心真正想要達到的目標。

我所理解的幸福，就是獲得想要的成就，擁有和諧融洽的人際關係。

## 2. 面面俱到式

我所理解的幸福，就是父母安康不需掛念，老公工作順利穩定，孩子學業尚可孝順懂事，自己事事順心，想要實現的想法透過努力都可以實現。

我所理解的幸福，就是自己、家人、朋友都健康平安，互相關心、珍惜彼此。做自己喜歡的事情，賺到足夠的錢，獲得想要的快樂。總之，現在缺少的都實現了，就是幸福。

我所理解的幸福，就是財富自由，做自己喜歡的事。帶家人一起旅行，有固定的時間陪伴家人。有一份自己喜歡、穩定的工作，有幾位知己好友。最後就是用心做好每一件事，不要讓自己後悔。

## 3. 活在當下式

我所理解的幸福，就是享受當下，享受那一刻感受到的內心平和。

我所理解的幸福，就是一種感受，幸福就是接納每個當下的感受。

我所理解的幸福，就是當下每一秒都是在愉悅狀態下度過的。或許下一秒就要離開人世，在最後時刻對人生回顧時，沒有絲毫遺憾。

## 4. 小富即安式

我所理解的幸福，就是自己和家人都能身心健康。

我所理解的幸福，就是物質上夠用就好。幸福不是得到的多，而是計較的少。

我所理解的幸福，就是合適，剛剛好。就像搶紅包，搶多了會心有不安，不好意思。搶少了會覺得手氣差，難免遺憾。搶個一些，不多不少剛剛好，剛剛好就是幸福。

## 5. 價值導向式

我所理解的幸福，就是不用思考自己是否幸福，而是每天都把時間花在如何為他人創造幸福。

我所理解的幸福，就是從容、平衡和價值，能從容應對生活、工作和情感，無論發生任何事情，都不至於失去平衡無法駕馭。回頭看看自己，是一個有價值平和溫暖的人。

## 6. 宗教信仰式

我所理解的幸福，就是做了上帝的兒女，他能帶領我的人生。雖然經歷了各種路程，但上帝總會隨時隨地讓你看到祂為你預備安排的美好計畫。

## 7. 風花雪月式

我所理解的幸福，不是天上掉下來的禮物，而是幸福不負有心人；不是眾裡尋他千百度，而是驀然回首的燈火闌珊處；不是虛無縹緲的幻想，而是觸手可及的現實；不是苦苦尋覓才能得到，而是發生在每一個瞬間。幸福，就是這樣摸不著看不見，卻又如影隨形隨處可見，就看你是否用心去觸摸它、擁抱它。

## 8. 自由自在式

我所理解的幸福，就是自己覺得幸福就好。在人來人往中看見自己，接納所有的不完美，活出自己內心的歡喜。

我所理解的幸福，是和自己相處，而不覺得世界太安靜；和別人相處，而不覺得世界太喧鬧；幸福就在這裡，就是接受現在的自己。

我所理解的幸福，就是和親密的人相互獨立而彼此欣賞。相聚則開懷暢飲，分開則各赴前程。不牽扯，無掛礙。

## 9. 細緻入微式

我所理解的幸福，就是去滑雪時，老公會幫忙領裝備，教我關鍵技術，幫我拿雪橇。穿著滑雪鞋走不穩時，他會說：「老婆，就算你老了，我還是會照顧你的。」

我所理解的幸福，就是老爺爺去田裡給家裡的兔子割草，手指紮進了刺。回來後在門口陽光下，老奶奶戴著老花鏡幫他處理。老爺爺突然說：「你這哪是挑刺啊，你這是在挖坑。」

老奶奶低頭偷笑：「年紀大了，眼睛不好了。」他們兩個相濡以沫，就是我看到的幸福。

無論哪一式，都是群組裡的學員對幸福的獨特理解和感受，無關對錯。

你呢，你所理解的幸福是什麼，屬於哪一式？

或者，你的理解十分獨特，並沒有被以上清單涵蓋？

最後，作為《職場幸福課》講師，說一下我對幸福的理解。

我所理解的幸福，就是透過努力，逐步活成自己所期望的樣子。

**這裡面有三個關鍵字：「自己」、「所期望的樣子」和「逐步」。**

**第一，自己。**

幸福是自己的事，無關他人。我們不應該受環境的威脅，不應該為父母、配偶、朋友或他人的期待而活。

我的幸福，一定是我自己定義的。

正如德國詩人尼采所說：**你應該搞清楚你人生的劇本，你不是父母的續集、子女的前傳和朋友的外篇。**你就是你，對待生命不妨大膽和冒險一些，因為早晚你都要失去它。

**第二，所期望的樣子。**

你人生的劇本是什麼，你期望的幸福是怎樣的？

我們不能隨波逐流，不能生活給什麼我們就接受什麼，而要提前描繪出你期望的幸福，然後，朝著它前進。

想像一下向空中射箭，箭在空中飛一段，而後強弩之末墜落地面。

現在想像一個標靶。你，目光銳利精準地盯住靶心，摒住呼吸，站穩腳步，拉滿弓，然後放箭！箭擊中標靶，發出令人愉悅的「噗」的一聲。

沒有靶子，你無處瞄準；沒有瞄準，你就沒機會擊中標靶。所以，你所期望的幸福的樣子，就是你的標靶。

**第三，逐步。**

幸福不僅僅是最後我賺了多少錢，升了多高的官，得到多大的名氣。結果雖然重要，而一步步追求幸福的過程更重要。幸福不僅是結果，更是過程。

這正如愛情和婚姻。追逐幸福的過程，就是愛情；獲得幸福的結果，就是婚姻。

如癡如醉，輾轉反側，茶飯不思，這是愛情；安穩安定，漸趨平淡，這是婚姻。

我所理解的幸福，就是透過努力，逐步活成自己所期望的樣子。

你所理解的幸福，是什麼？

目錄 CONTENTS

## 第四課

# 與自我對話，選擇想要的人生

FIRST LESSON

第一課

# 你的思維，決定你的人生

# TITLE 令人趨之若鶩的職場幸福課

職場幸福四要素如圖 1-1 所示。

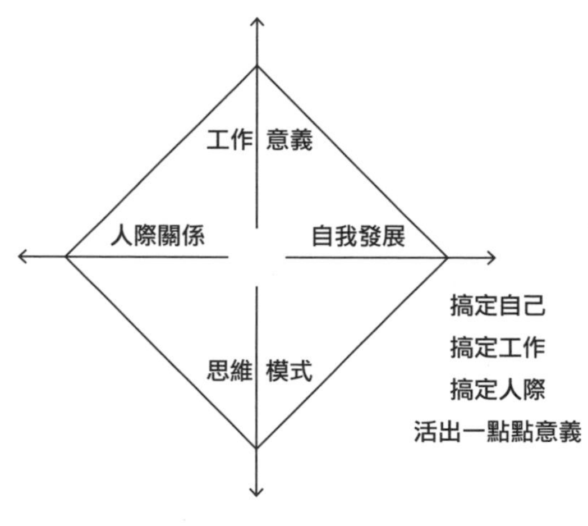


圖 1-1　職場幸福四要素

幸福這回事，說起來抽象，很多時候，不過是種感受。

說白了，你覺得自己幸福，你就幸福；你覺得自己悲情，你就是悲劇主角。

**我們幸福與否，只有 10% 取決於發生在我們身上的事件；另外 90%，都取決於你怎樣理解、詮釋、看待發生在你身上的事。**

所以，我把思維模式作為職場幸福模型的底層基礎，它決定了其他三個系統的高度和深度。沒有積極正向的思維模式，自我發展就純屬受環境所影響的偶然事件，人際關係就取決於所遇到的人群善惡美醜，工作意義也就無法認真而深入地挖掘和探索。

圖 1-2 這個迴圈，出自《高效能人士的七個習慣》一書，我個人非常推崇這個模型。

我們每個人對自己，對這個世界，都有獨特的看法、理解及詮釋的方式。這就是你的思維模式，它如同一副眼鏡，每個人都戴著它看世界。

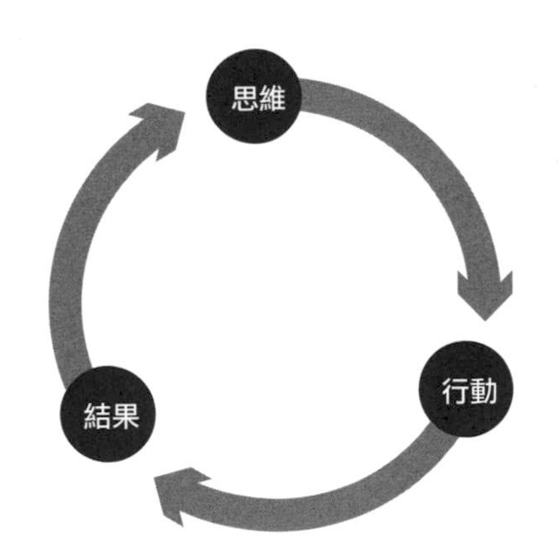


**圖 1-2　我們看待、理解、詮釋世界的方式**

送一根蠟燭給清純少女，少女會心花怒放地想：哇，少一個生日蛋糕啊。

送一根蠟燭給猥瑣大叔，大叔會意淫出畫面：嘿嘿，缺一根皮鞭。

正所謂一念天堂，一念地獄。

人們看到的世界，並不是真實的世界，也不是真相，只不過是透過自己的思維看到的樣子而已。

**思維決定人們的行為，而什麼樣的行為，就會導致什麼樣的結果。**

那麼，人們的思維，主要受哪些因素影響呢？

一共有三個自我，基因決定的自我、環境影響的自我和人生意義塑造的自我。

## 1. 基因決定的自我

如今的教育，誇大了環境對我們的影響，所以家長拚了命的幫孩子選擇名校，送孩子上各種補習班。

其實，我們很大程度上受基因的影響，你，天生就是那德性。

比如一個人是積極還是消極，很大程度上是天生的。心理學家經過實驗得出結論，人大腦前額的額葉部分，對人的影響很大。如果你的左額葉天生比較活躍，恭喜你，你中了樂透大獎，個性積極樂觀、無憂無慮。

如果你的右額葉天生比較活躍，同情你，你天生就消極悲觀，別人覺得你的日子挺好，你卻每日唉聲嘆氣，愁雲慘霧。

再比如長相，受基因影響很大。大街上經常能遇到這樣的孩子，要麼像爸爸，要麼像媽媽，就像一個模子刻出來一樣。

你看謝霆鋒夠帥，因為他老媽是狄波拉，而他老爸是謝賢啊，當年香港影壇最帥的男人，現在都七八十歲了，還受年輕小女孩追捧呢。再看貝克漢和維多利亞的孩子，那也肯定是好看啊。所以，長相受遺傳影響很大。

## 2. 環境影響的自我

8 月，妻子在醫院生第二胎，我陪伴在旁。

旁邊床位也是個生第二胎待產的孕婦，她的婆婆在照顧她，他們家老大，一個三四歲的男孩在旁邊玩玩具車。

作為中老年婦女之友，閒著無聊，我就和孕婦的婆婆閒聊：「阿姨，你這孫子長得真可愛啊！」

老太太一聽，特別高興，「我這孫子不光長得帥，還很聰明呢！」

我說：「是呀，這寶貝看著就覺得很聰明伶俐。」

「是啊，不信你聽聽。」她轉頭問正在玩耍的孫子，「寶貝，我們家誰最討厭？」

那個小男孩正專心地推汽車，頭都沒抬稚氣而流暢地回答：「我爸爸！」

我瞪大眼睛，下巴差點掉下來：「啊？」

老太太接著炫耀問：「寶貝，我們家誰第二個討人厭？」

小男孩兒對答如流：「我爺爺！」

「……」我驚訝而配合地大笑，這孩子確實聰明。

我真的不知道，這樣的家庭，將來會把孩子培養成什麼樣的人。環境：包括家庭環境、教育環境、社會環境，對一個人的思維模式，會產生極其深刻的影響。

## 3. 人生意義塑造的自我

基因決定了很大一部分，環境又影響深刻，那麼我們能操控些什麼呢，難道終其一生做基因和環境的奴隸？

當然不是，我們還有第三個自我，那就是超越基因和環境的限制，經由目標和意義塑造的自我。

我們都有兩次生命，第一次是出生，而第二次是找到生命的意義和目的。第一次，不過是肉體的誕生，第二次，才是生命真正的開始。

自那天起，你就知道，龍生的，不一定要做龍，鳳生的，不一定要當鳳，老鼠生的，也不一定非要打洞。我們不能把生命的現狀、你的樣子，完全推責給基因。

自那天起，你會知道，環境無法決定一切。同樣貧困的家庭，有的孩子選擇自暴自棄，有的孩子選擇努力不懈；同樣枯燥的工作，有的員工得過且過，有的員工在工作之餘，找到了另一個可以發揮的空間；同樣無聊的人生，有的人把庸庸碌碌當成了平凡可貴，而有的人，同樣的壽命，卻創造了無限精彩。

**基因決定了很多，環境影響了你我，但，我們總可以做些什麼，透過尋找目的和生命的意義，去重塑自我。**

TITLE

# 與壓力保持著亦敵亦友的關係[1]

巴利三藏說，所有東西都是思想的結果。

在《職場幸福課》上，談及幸福四要素時，我總是反覆強調「思維模式」。

思維模式，就是我們看待、理解、詮釋世界的方式，它是人生能否幸福的關鍵和基礎。

境由心生。你覺得自己幸福，你就幸福；你覺得自己悲情，你就悲情。你怎麼想，都是對的。

思維模式，對人生有決定性的影響。

比如說，你怎麼看待壓力？如果用一句話總結對壓力的看法，你更認同下列哪個描述呢？

A. 壓力有害，應該逃避、減輕、管理。

B. 壓力有益，應該接納、利用、擁抱。

---

[1] 本文談及的心理學實驗及數據，選自本書作者王鵬程 2016 年翻譯的書籍《自控力：和壓力做朋友》，作者為斯坦福大學心理學家，凱利 ‧ 麥格尼格爾博士。

相信很多人，包括兩年前的我，都會毫不猶豫地選 A。

多年以來，我們都接受並傳播著這樣的資訊：壓力有害身心。我們知道壓力會導致疾病，從普通感冒到心臟病、憂鬱症，上癮症的風險也因壓力而提高。壓力會殺死腦細胞，破壞 DNA，使人加速衰老。我們可能聽過千篇一律的減壓建議——深呼吸、充足睡眠、管理時間。總之，盡你所能減少壓力。

1998 年，3 萬名美國成年人被邀請參與「過去一年承受的壓力狀況」的研究調查。他們被問到：「你認為壓力有害健康嗎？」

經過 8 年後，也就是 2006 年，研究人員徹查了公開的記錄，並對 3 萬名參與者的生存狀況進行了分析。

不幸的是，高壓下的死亡風險提高了 43%。但是，值得我們注意的是，提高死亡的風險，只適用於那些相信壓力對健康有害的人。報告顯示出承受高壓力，但不認為壓力有害的受訪者，並沒有受到影響。

實際上，他們是調查中死亡風險最低的，甚至低於那些顯示出自己只承受著很少壓力的人。研究人員得出結論：壓力本身並不會殺人，而是壓力本身加上認為壓力有害的信念作祟。

**根據美國疾病預防與控制中心的數據，「認為壓力有害」已成為全美第十五大死因，比皮膚癌、愛滋病和自殺奪取的生命還要多。**

思維模式，或者說某些信念，甚至會影響壽命。

比如說，對變老持積極態度的人，比那些對變老持消極態度的人活得長。

耶魯大學研究人員曾經做過一項調查，對一群中年人追蹤了 20 年。那些中年時對變老持積極態度的人，比那些持消極態度的研究對象，平均多活了 7.6 年。

原因在於，對變老持積極態度的人，更願意採取運動、戒煙、健康飲食等方式來保持良好身體狀況。而持消極態度的人，大部分就糊里糊塗等死了。

另一個會影響壽命的例子和信任有關，那些認為他人可信的人活得更久。

在杜克大學做的一項長達 15 年的研究中，一群超過 55 歲的受訪者中，60% 認為他人可信的人在專案結束時還活著。與此鮮明對比的是，40% 對人性持懷疑態度的受訪者已經去世了。

## 當涉及健康和壽命時，信念至關重要。

哥倫比亞大學心理學家艾麗婭 · 克拉姆，曾經以「想想就能減肥」和「相信健康即會健康」兩句口號，吸引了大家的關注。

她在全美 7 家飯店招募服務生，做了一項信念如何影響健康和體重的研究。打掃飯店是份辛苦的工作，每小時會消耗至少 300 卡路里。與鍛鍊相比，這相當於舉重、水上有氧運動、每小時走 5.6 公里的消耗量。然而，克拉姆招募的服務生中，有 2/3 的人認為自己沒有規律地鍛練身體，1/3 的人表示自己從來不運動。

她們的身體反應了自己的想法。服務生的平均血壓，腰臀比和體重顯示，她們好像從沒勞動，就像每天久坐一樣。

克拉姆設計了一個標籤，說明服務生的工作等同於運動。鋪床、收拾地上的浴巾、推重重的行李車、吸地、這些都需要耗費體力。標籤上甚至包括做每項工作燃燒的卡路里。比如，一個 140 英鎊（約 63.5 公斤）重的婦女，打掃浴室 15 分鐘，可以消耗 60 卡路里。

在 7 家飯店裡，克拉姆選了 4 家，做 15 分鐘的介紹，把這個訊息透露給服務生。克拉姆告訴服務生們，她們的工作，完全達到或超過了衛生局建議的運動標準，對身體健康有益。另外三家酒店的服務生是控制組，她們接收到運動對健康有益的資訊，但沒被告知自己的工作等同於運動。

4 週之後，克拉姆回訪了這些實驗對象。那些被告知工作等同於運動的服務生，體重和體脂肪都有所下降，血壓也更低了，甚至變得更喜歡自己的工作。而工作之外，她們沒做任何行為調整，唯一改變的就是觀念，她們把自己當作在運動。相比較，控制組的服務生，在以上方面，沒有任何提升。那麼，這是不是意味著，如果告訴自己看電視可以燃燒卡路里，你就能減肥呢？

對不起，不會。克拉姆告訴服務生的是對的，她們的確在運動。只是研究開始時，服務生沒有那樣看待自己的工作而已。相反，她們更傾向把清潔工作看作苦力。

她得出結論，服務生將工作視為運動的想法，轉化了工作對身體的影響。換句話說，你期望的結果，就是得到的結果。

的確，思維模式，就是這麼神奇。**你的思維，決定了你的行為；你的行為，會帶來你想要的結果。**

**境由心生。你，就是你的思想。**

# TITLE 思維模式的對與錯

受基因決定，環境影響和人生的意義塑造，所以每個人的思維模式千差萬別。

那麼，我經常問學員：「思維模式，有正確和錯誤之分嗎？」好好思考，不要草率回答。

在課堂中，大部分學員在思考過後說：「思維模式沒有正確和錯誤之分。」

而實際上，是有的。你的思維模式或者觀點，可以千差萬別，可以特立獨行，然而，只有符合圖 1-3 三個條件的思維模式，才是正確的，或者說是相對正確。

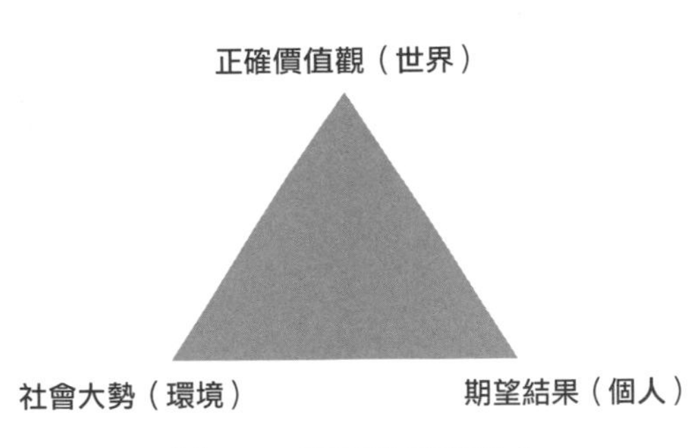


圖 1-3　**正確的思維模式**

**首先，思維模式必須符合正確價值觀。**

所謂正確價值觀，就是那些放之四海皆一致的規範，比如道德、公平、正義、奉獻、勤奮等。這些法則，無論如何不能過界，正確價值觀，誰過界，誰遭雷劈，古今中外，東西方皆同。

比如：大陸演員王寶強的妻子馬蓉出軌，被鄉民們在網路上口誅筆伐，就是因為這個人的行為違背了正確價值觀——對婚姻忠誠。

那天晚上，我起來給兩個月大的兒子餵奶喝。餵完睡不著，無聊滑手機，看到王寶強發的長文，說他妻子出軌經紀人，他要離婚並開除那位經紀人。當時的我對他昭告天下的做法十分不理解，立即振筆疾書，寫了一篇《從離婚聲明看王寶強和庾澄慶的情商差距》的文章，發佈在自己的微信公眾號上。

這篇文章點閱率極高，點擊量超過 10 萬次。然而，我收到的近 500 條評論，99% 都是罵我的，比如：「那是因為你沒遇到過，要是你老婆跟人家……。」可見，大家對這種事情多麼深惡痛絕。

還有一次，某天晚上，一位家長在班級微信群組裡向我投訴：

「你得管管你女兒了！」

我趕緊回覆：「怎麼了？」

她生氣地說：「你女兒不是英語小組長嗎？英語老師偷懶，期中考試不願意一個一個考學生，就讓每個小組長考小組的同學。我女兒，就一個單詞不會讀，你女兒就不讓我們通過。可是有個男生，一個單詞都不會讀，送你女兒一塊橡皮擦，她就讓人家及格了！」

晚上，我狠狠教訓了女兒一頓，並且讓她第二天就把受賄的橡皮擦還給男同學。我女兒怯生生地說，橡皮擦她已經用了。第二天送她上學，我特地在校門口的文具店買了橡皮擦給她，讓她還給人家。

我告訴她說：「作為小組長，如果索賄受賄，以後就沒辦法管理同學了，就會失去威信。」她違反的，就是正確價值觀中的公平原則。

其次，思維模式必須符合社會趨勢。

如今的社會，變化速度之快，前所未有。唯有保持開放的心態，擁抱變化，才能跟上時代的腳步。

比如 AlphaGo 戰勝韓國棋王李世石，以及後來披著「大師」外衣的 Master 60 連勝，戰勝各國頂尖棋手[2]，預示著人工智慧時代已經來了。恐怖的不是機器戰勝了人，而是這臺機器可以自己學習和演化。設定了初始程式之後，它在對弈過程中，會不斷研究和學習對手的招數，然後自我進化和提升。

---

[2] 據中國之聲《新聞縱橫》報導，披著「大師」外衣的 Master 在橫掃諸多人類頂級圍棋大腦、豪取 60 連勝之後自曝身世，它原來就是 Google 研發出人工智慧的「AlphaGo」。

它會在極短的時間內，從圍棋初段，晉級到九段水準。人類圍棋最高段位就九段，如果有十八段，AlphaGo 也可以在短期內演進晉升到那個水準！

富士康也是如此。前幾年富士康發生過著名的連續跳樓事件。現在，富士康不怕了，生產線上引進了大量的機器人。機器人不會跳樓，而且可以連續工作，也不要加班費！未來，機器會大量取代人工，因此，越來越多的人會失業。

同時，拜淘寶所賜，網路購物越來越盛行，實體生意越來越不好做。看看各大商場的櫃位就知道了，除了餐廳和娛樂場所，都是門可羅雀，慘澹經營。

這都是趨勢。機器會取代人工，網路將衝擊實體店面。如果不去擁抱這些變化，必然會被拋棄。

每個行業，都有生命週期，都有產生、發展、成熟、衰落的過程。美國《財富》雜誌的一份調查數據顯示：美國世界 500 強企業的平均壽命為 40 年，中小企業壽命不足 7 年；中國集團公司的平均壽命是 7 年，中小企業平均活不過 3 年。

這給我們的啟示是，看準趨勢，離開那些苟延殘喘的企業和行業。大勢不好，就算你再有能力，也是枉然。

這個社會只有三類人，第一類是創造變化的，第二類是適應變化的，第三類是死於變化的。而達爾文說過：**世界上能夠生存下來的物種，不是最強壯的，也不是最聰明的，而是那些應變迅速的**。所以要適應社會趨勢。

**最後，也是非常重要的一點，思維模式要符合你自己期**

**望的結果，也就是目標。**

如果你的思維模式和行為，無助於你實現目標，你的思維模式就是錯的。

比如前幾年，在北京發生了一場悲劇。一位母親推著嬰兒車，和兩個男人發生了爭吵。其中一個男人，從嬰兒車裡把孩子拽出來，將孩子舉起活生生摔死。

這是個悲劇，那位母親非常值得同情。但是，她也有責任。一個帶著孩子的母親最重要的事，或者說最期望的是什麼呢？就是孩子的安全！絕對不是和別人爭個你死我活。

還有一個事件，一位女士去吃火鍋，因為加水問題，和服務生發生了爭吵。服務生一生氣，到廚房端了一鍋熱水，直接澆在這位女士的頭上，造成她身體大面積燙傷！

回顧這事件，這個受害的女士也有責任。當時她吃火鍋，看鍋裡的湯少了，就叫服務生加水。那個火鍋店生意很好，服務生很忙，答應她之後很長時間都沒來加水。

這個客人怒了，發了條微博，曝光說這家店服務不好，並且標記了這家火鍋店總部的微博。

總部負責公關的人員看到後，立刻聯繫那家火鍋店的老闆。老闆趕緊把服務生找來臭罵了一頓，說：「快去道歉，然後請客人把負評刪掉。」

服務生立馬去和客人道歉，說：「請您把負評刪掉吧，我立刻給您加水。」

而這個女顧客得理不饒人：「我就不刪，你們這樣的服務，我就得給你曝光！」

剛剛被老闆罵了一頓的年輕人，怒火中燒，到廚房端了鍋熱開水，毫不留情地潑了過去，釀成一場令人唏噓不已的慘劇。

我們出去吃飯，目的是什麼呢？期望的結果是什麼呢？是吃好、心情好，對吧？絕對不是起爭執和人計較。所以，如果你的思維模式不能趨向你的目標，甚至背道而馳，那這思維模式就是錯誤的。

**正確價值觀，關乎世界法則；社會大勢，關乎周圍環境；而期望的結果，關乎你的目標。三者相輔相成，不可或缺。**

違背任何一個，都將出現你不願意看到的局面。

# TITLE 我雖然不懂你，但我尊重你

我手寫我心，正如之前我們探討的，人的行為，完全源於我們的思維模式。

思維模式是對世界的詮釋、理解和看法。我們都有自己獨特的思維，它就像一副眼鏡，我們透過它看世界。你怎麼看這個世界，就會引發相應的行為，而怎樣的行為，會產生相應的結果。

比如前兩天，我在個人動態上轉發了《羅胖 V.S. 張德芬感情 10 問答[3]》的文章，同時評論說：「雖然一向不太喜歡張德芬的東西，可這個採訪還是值得一看的。」

結果好幾位朋友評論問：「你為什麼不喜歡張德芬？」

有個女孩，不光在下面評論，還發私訊跟我說：「你為什麼不喜歡張德芬？你怎麼可以不喜歡張德芬？你是因為同行相斥嗎？一看你微信大頭照就覺得不怎麼樣，一副指點迷津的樣子。」

---

❸ 羅振宇，人稱羅胖，知識社群“羅輯思維”（ID：luojisw）創始人。張德芬，華語世界知名心靈作家。二位在 2016 年 2 月於情人節在臉書登出的情感問題機智問答文章—「張德芬 VS 羅振宇　情感 10 問答」。詳細問答內容請參考網路。

我試圖辯解：「我有不喜歡張德芬的權利啊，就像你有不喜歡我的權利一樣。」

她說：「我沒有喜不喜歡你的權利，是你根本不值得喜歡。」

我試圖垂死掙扎，她迅速封鎖了我。

這也是思維模式。我們倆對張德芬的文字有不同的看法，導致一拍兩散分道揚鑣。

我可以不懂你，但我尊重你。包容意味著，摒棄不是這個、就是那個的二元對立思維，開放地接納新的思維和想法。二元對立害死人，世界不是非此即彼，沒有孰輕孰重，不能主觀判斷，又怎能確定別人就是錯的呢？你憑什麼認為自己是正確的呢？

這個世界，不該是一瓶多味果醬。各種水果，被搗碎拌勻，攪和在一起，失去各自原來的味道。這個世界，更應該是一碗水果沙拉。各種水果被沙拉醬包容連接在一起，創造出更繽紛的色彩。但同時，又尊重和保留著各自的獨特味道。

我不懂你。但，我尊重你。

## TITLE 詮釋出更精采的自己

2016年，我離開外企自己創業，成立了「鵬程管理學院」。

同年6月2日，鵬程管理學院盛大開課，第一期的主題是《擁抱變化，化繭成蝶》。很多同學對「未來社會三種人」的概念很感興趣，如表1-1。

**表1-1 未來社會三種人**

| | 資源者 | 配置者 | 資本家 |
|---|---|---|---|
| 特點 | 直接擁有資源 | 配置資源 | 資本掌控者 |
| 生存方式 | 出售 | 分配 | 投資 |
| 比如 | 農民、工人、醫生<br>老師、職業經理人 | 企業家、創業者 | 投資人<br>理財者 |

不說未來，現在社會上，也就是這三種人。

這本書的大部分讀者，一般來說屬於第一種人——資源者。資源者直接擁有生產資源，透過投資時間、體力或智力，來獲取收益。辛苦的農民，苦悶的上班族，教師和醫生，像我一樣的，別人以為是出賣智力，其實不過是到不同的城市，不同的企業，講著相同的故事，靠體力吃飯的講師，都屬於此類。自由職業者也可以歸為此類，靠體力或智力，獲得報酬。

第二種人——配置者，透過雇傭第一種人，來分配資源，賺取利潤。

比如企業、創業者。我自己創業，成立了鵬程管理學院，作為一家培訓與諮詢公司的老闆，正是企圖從資源者過渡為配置者。

若有企業請我講課，我不出馬，雇別的講師去講。企業付我們兩萬一天的課酬，我給講師八千，賺個差價。

第三種人——資本家，資本的掌控者。

他們一般不參與公司的管理，而是選擇專案，投入資本，深居幕後，待專案壯大，坐收漁利。

馬雲背後的男人——日本軟銀集團的孫正義、股神巴菲特、徐小平（中國著名天使投資人），還有炒房的那些投資客，玩股票基金的人，都屬於此類。

一個人比較理想的狀態，是從第一類人，逐步邁向成為第三類人，成為資本家。比如李開復，在微軟和谷歌時，無論職位多高，不過是資源者，靠出賣時間、體力和智力賺錢。後來開辦創新工廠，再後來的天使投資，就成為了資本的掌控者。

你或許會說，鵬程老師別扯了，成為資本家，需要資本啊，我哪來的錢去投資？的確，成為資本家，第一需要資本。而第二，我認為更重要的是需要頭腦和想法，也就是有這個思維模式。

大學時，我隔壁宿舍的一個死黨，非常刻苦耐勞，畢業時就賺了 20 萬元。畢業後的 15 年，這傢伙已經成為神秘的投資人。一天到晚，不用工作，到處旅遊，吃喝玩樂。

前段時間我認識的一個人力資源專家，在幫一家初創公司做諮詢時，以智力投資，換取了一些股份。待這個公司上市，她就會有豐厚的回報，儼然已經成為資本家。

2016 年 5 月，我去鄭州講課，一個讀者很想見我。他說：「王老師你是我的第二偶像，我必須見您。」瞭解到他的第一偶像是錘子科技的羅永浩[4]之後，我說：「和你見面之後，我可以上升成為你的第一偶像？」他說可以考慮，於是我們就相約在我住的酒店一起吃了頓早餐，這朋友坐公車、轉地鐵，從鄭州的東邊趕到西邊。吃飯過程中，他說計畫把父母給他預備結婚的錢拿出來，在鄭州地鐵沿線校區旁邊貸款投資兩套房。我立刻鼓勵：「好啊，鄭州這種二三線城市，好地段的房子有很大升值空間。」

記得是 5 月見面，結果 10 月份我們在北京相遇，我當時在搞《職場幸福課》線下授證班。他認我做了師父，並且跟我報告說，他投資那兩間房子，價格已經飛漲。

這就是資本家思維，透過投資使資本不斷升值。他們是

---

❹ 羅永浩，中國商人、英語教師。出生於中國吉林省延邊，是牛博網創始人、老羅英語培訓創辦人以及錘子科技創始人，著有自傳《我的奮鬥》。

鮮活的普通人成為資本掌控者的例子。

而早年的我，毫無投資的概念。

2000 年，我畢業到天津工作，2002 年買了房子，從銀行貸款 100 萬。欠銀行的錢，我覺得壓力特別大，接下來就拼命賺錢，想把銀行的錢儘快還清，好少付利息。

2004 年，我借了些錢，再加上自己存的，一次把貸款還清了。當時心滿意足如釋重負，但現在後悔不已。

如果當時，我不是還銀行，而是再貸款買兩間房，那會是怎樣的景象啊？那時房價是 1 萬元 / 平米，我如果投資入房市，現在，還講什麼課、寫什麼書啊，早去環遊世界了。我出身農村，那時是典型的農民思維，毫無投資的概念。

人和人的差距，貧與富，成功與失敗，很大程度上，取決於思維模式。不是能不能夠，而是想不想得到。言歸正傳，如果暫時你還沒能力，或者沒機會成為配置者和資本家，只能做資源者，不上班就沒錢賺，那怎樣才能過得更好呢？

**第一，離開苟延殘喘的行業 / 企業。**

如果你身處沒落的產業，或者產業有前景但公司卻在苦苦掙扎，而你還有些能力，並且可以轉職到其他行業或公司，我建議，趕緊離開，能跑多快就跑多快。

企業多的是，而你的人生太寶貴，沒必要在沒希望的地方乾耗。這就像你不小心交了個不如意的對象，最佳選擇是分手，難道還要賠上一生？

行業的差距，相當之大。有些製造業公司請我講課，問完費用，說：「鵬程老師太貴了，我們請不起啊。」而有些金融互聯網公司請我講課，根本不問費用：「鵬程老師什麼時候有時間啊？我們不在意費用。」

商業的本質，增長是王道。沒有增長，就沒有福利，就沒有機會，就沒有空間。產業前景不好，職員基本無法扭轉。

你的時間，會被浪費；你的青春，會荒蕪；你的夢想，會被磨滅。所以，離開苟延殘喘的行業或企業，能跑多快就跑多快。

**第二，不斷進化，提高時間含金量。**

我認識一個講授一線生產管理的培訓師。她最初是生產線上的作業員，慢慢做上領班，成為生產經理助理，又兼職內部培訓師。後來，經過不斷學習，她辭職成為了專業講師，主攻一線生產管理方面的課程。

如今的講師費，每天2萬元！學習是成本，張嘴就賺錢。一個月講兩天課，剩下時間就可以看書、聽音樂、喝咖啡。這就是進化。同樣是資源者，靠出售時間和體力賺錢，單位時間的含金量，相去甚遠。

所以，我總是秉持這樣的觀點，出去打工，盡可能做裝修、廚師等專業技術工作，哪怕從學徒做起，而不是去當保安。每個職業都有薪酬增長曲線，技術類的工作，曲線會逐步上揚。而非技術類的，起點和終點，幾乎是平的。

同樣是付出時間，資源者要不斷進化，單位時間含金量更高，即更有價值的職業轉化。

**第三，學會理財和投資。**

思想決定你的生活，學會理財很重要。

如果想理財，不妨參考「4321 法則」，也就是把全部收入的 40% 用於房產等投資專案，30% 用於生活消費支出，20% 用於儲蓄，以備不時之需，10% 用於購買保險。

是的，最後要強調的是，身為資源者，一定要購買保險。資源者最大的問題，就是不工作就沒錢，遇到生老病死、天災人禍，就玩完了。不但自己玩完，而且可能拖累家人。所以，購買保險至少可以有效地規避一部分風險，減少突發事故的傷害程度。比如我，每年都在某個保險公司的網站上，購買航空意外險。萬一飛機失事，家人可以獲得人民幣 800 萬元的保險理賠，夠她們後半生過日子了。呸呸呸，烏鴉嘴。

不管你現在是資源者、配置者，還是資本家，我都希望你能過著自己所期望的生活。

人生最大的成功，就是按照自己的意願過一生。

# TITLE 回歸初衷，思考動機

早晨打開手機，看到培訓公司同事發來的微信，我的內心是崩潰的。

前幾天這個同事聯繫我：「王老師您能開一堂有關演講技巧方面的課嗎？我們正在替一個證券公司尋找講師。」

我立刻回覆：「沒問題啊，這是我的強項。」

同事說：「太好了！您有之前講課或演講的影片嗎，我發給客戶看看。」

我立即把我之前的一段演講影片轉給他。每當有客戶尋找講師，我都會把這段影片傳過去。每次都能征服對方，屢試不爽。萬萬沒想到，這個同事發來微信說：「王老師，這次恐怕沒機會合作了。客戶看了影片，說您講課有口音，東北腔太重。」

看到這條訊息，我大笑三聲，無言以對！

他們在找演講技巧的講師，又不是找播音課程的講師，口音應該不是障礙。我自以為，我傳過去的演講顯示出了我的水準。從這個角度說，我是對的，而客戶也沒有錯，他們有自己的考量標準。

正所謂公說公有理，婆說婆有理。達不成共識，唯有一拍兩散，各奔前程。

無獨有偶。一次幫某個客戶講課，我也放了相同影片，因為我覺得自己演講的內容，可以很好地詮釋剛剛在課堂上講授的概念。之前幫其他客戶講課時，學員也很喜歡這段影片。

課程結束後，我收到主辦方的信息。主辦方負責人說：「王老師，建議以後您別再放那段影片了。我們有學員回應說，老師上課放了二十幾分鐘以前的演講，這不是偷懶嗎。」

收到這個反應，我的內心，也是崩潰的。

相信你也一定遇到過這種情況。你自以為某件事情是對的，對人對己都有益處。然而，收到的聲音，卻出乎意料，大相徑庭，令你無所適從。你身先士卒，別人會說你出風頭；你不偏不倚，別人會說你沒立場。

收到負面回應後，我思考了好幾天。像我這種表達孔雀型的講師，的確不好消化學員的批評。剛好最近讀了日本稻盛和夫的《活法》，我在裡面找到了答案。

稻盛和夫被稱為「經營之聖」，他創辦了日本京瓷公司和第二電信株式會社（僅次於日本 NTT 的第二大通信公司），這兩家企業都曾經進入過世界 500 強。

2010 年，他出任日本航空株式會社會長，僅僅一年就讓破產的日航大幅度轉虧為盈。

20 世紀 80 年代中期，日本國營企業 NTT 壟斷通信市場，為了引進市場競爭，降低高得離譜的通訊費用，日本政府決定允許新企業加入通訊領域。然而，要和獨佔鰲頭的通信事業巨頭 NTT 一決勝負，風險太大，沒有一家企業敢於挺身而出。

稻盛和夫決定試一試。但他沒有立刻報名，而是一遍一遍地自問：「在我的參與動機裡有沒有夾雜私心。」

他一直自問自答：「你參與通信事業，真的是為了國民的利益嗎？沒有夾雜為公司、為個人的私心嗎？是不是想出風頭、要引人注目呢？你的動機真的純粹嗎？沒有一絲雜念嗎？」

稻盛和夫自問，是不是「動機至善、了無私心」，藉以審視自己動機的真假善惡。經過整整半年，終於確信自己心中沒有一絲一毫雜念，他才著手創立第二電信株式會社，並最終把它打造成可以和 NTT 抗衡的通訊公司。

稻盛和夫的做法，值得借鑒。那就是：**回歸初衷，思考動機。**

我們或許到不了稻盛和夫的境界，沒辦法做到「動機至善，了無私心」，但做一件事情之前，或者聽到不同聲音時，至少可以想一想：我做這件事情的動機是什麼？對別人會有益嗎，還是只為彰顯自我？如果發心是善的，是為幫助和影響他人，那 do it ！即使有些私心，也並不為過。

**我們並不需要做犧牲自我、成全他人的聖人。我們只需要成為不作惡的、自利與利他的平常百姓。**

又譬如說，父子倆進城趕集。天氣很熱，父親騎驢，兒子牽著驢走。

一位路人看見這爺倆兒，便說：「這個當父親的真狠心，自己騎驢子，卻讓兒子在地上走。」父親一聽這話，趕緊從驢背上下來，讓兒子騎驢，他牽著驢走。

沒走多遠，一位過路人又說：「這個當兒子的真不孝順，老爹年紀大了，不讓老爹騎驢，自己卻優哉地騎著驢，讓老爹跟著走。」兒子一聽此言，心中慚愧，連忙讓父親上驢，父子二人共同騎驢往前走。

走了不遠，一個老太婆見了父子倆共騎一頭驢，便說：「這爺倆的心真夠狠的，那麼一頭瘦驢，怎麼能禁得住兩個人的重量呢？可憐的驢呀！」父子二人一聽也是，又雙雙從驢背下來，誰也不騎了，乾脆走路，驢子也樂得輕鬆。

走了沒幾步，又碰到一個老頭，指著他們爺倆兒說：「這爺倆都夠蠢的，放著驢子不騎，卻願意走路。」父子二人一聽此言，呆在路上，他們已經不知應該怎樣對待自己和驢了。

真是人言可畏。

照顧瀕死病人的澳大利亞護士布朗尼 · 韋爾，寫過一本書叫《人臨終前的五大遺憾》。

她訪談了很多即將離世的人，他們的首要遺憾就是：這輩子沒過著自己想要的生活，而只是活在別人的期望裡。所以，聽到不同聲音時，請捫心自問。如果初心是善的，那就放手去做吧！

TITLE

# 他沒那麼完美，也沒那麼幸福

網路上經常看到朋友轉發一篇署名是陳道明的文章，叫《無用，方得從容》。

裡面充斥著這樣的文字：「我這個人不沾煙、酒、賭，不喜歡應酬，從不光顧酒吧、酒店之類的娛樂場所，也很少參加飯局，即使參加，一般不超過半小時。工作之外，剩下的便只是看書、寫字、彈琴、下棋，為女兒做衣服，為妻子裁皮包。」

我始終懷疑這不是出自陳道明本人的手筆，而是某個記者或寫手，根據採訪或者道聽途說後編撰的文字。因為正常來說，一個人不會在自己寫的文章中，如此地自我吹捧。這個世界上，也很難有如文中描寫那樣完美的人。

幾年前，在海南三亞機場，我偶然碰到陳道明。他瘦瘦的，一身黑衣。有幾個認出他的粉絲請他簽完名後，他匆忙走出機場，鑽進一輛廂型車。

透過車窗，我親眼見到陳道明點了菸。和其他坐了幾小時飛機憋得難受，出了機場趕緊抽菸的癮君子，並無差別。

我們喜歡陳道明的表演，於是乎，傾向把他想像為完美男人。

我們經常透過別人的外在來判斷他們的內在，以為看到了全部。而陽光之下，或多或少，人們都在表演；陰影之中，不為人所見的，才是真實。

尤其放長假時，社群軟體裡會一如既往地曬出遊照片，各種歡樂，各種甜蜜，各種幸福。其實，他們並沒有像照片中曬的那麼幸福！

今年暑假，一個朋友，全家去峇里島旅行。她在朋友圈曬出各種美圖，她的自拍，她的女兒，她的丈夫，他們一家三口，以及美食和美景。她的臉上，洋溢著溫暖的笑。我估計，她的朋友們應該會覺得：「哇，她好幸福啊！」

誰能猜得到，就在出遊前不久，她還找我諮詢過。她說結婚十幾年，丈夫一直對她言語暴力。無論她做什麼，得到的都是抱怨，每天從丈夫那聽到的都是「你是豬腦啊」「你怎麼這麼笨啊」。

她忍辱負重，壓抑得近乎崩潰。經常做噩夢，夢的景象不是劈頭蓋臉痛快的罵丈夫，就是用雙手把丈夫掐死。她的痛苦，不為人知。

而在流行的溝通模式中，人們往往被鼓勵展現生活的正能量，寧願或者屈從於壓力，在社交媒體上分享好消息、幸福的照片和放閃的人生。

雖然多數人意識到了自己的這個傾向，但低估了他人表現積極面的程度。所以你滑動手機螢幕，瀏覽朋友發佈的資訊，會糾結在為何自己的生活一團糟，無奈又令人失望，而他們卻可以那麼美好幸福。

我曾經有個女性朋友，每次聚會，在我們面前，她都和丈夫曬恩愛。

兩人「老公」「老婆」互相叫著，幫彼此夾菜，互相披衣，濃情蜜意。一個鞋帶鬆了，另一個會蹲下幫對方繫上。

我妻子很羡慕，回來就說：「你看看人家，鞋帶掉了，都互相幫忙繫，你何時幫我繫過？」

我說：「剛開始在一起時，我也給你繫過啊。」

妻子說：「對，當年是繫過。但現在呢，怎不繫了？」

我回擊：「你白癡啊，這麼大的人，鞋帶還會一直鬆開？」

妻子幽怨地說：「唉，戀愛時叫人家小甜甜，現在罵人家白癡。」

後來有一天，那個朋友哭著跑來，和我妻子哭訴。因為老公懷疑她在外面有外遇，有一天半夜，她丈夫把她頭髮剪得像狗啃的一樣，讓她沒辦法出去見人。

還有一次，她丈夫扯著她頭髮，把她的頭撞向玻璃門。再後來，我們就沒有了她的消息。據說她和丈夫離婚了，搬回了老家。我們唏噓不已，以前看起來是那麼甜蜜的一對。

人們通常會低估別人的苦難，高估別人的幸福。這個錯誤認知導致更大的孤立感和生活的低滿足感。

研究顯示，花時間瀏覽社交媒體，包括臉書和 Line，會提高孤獨感，降低滿意度。

視自己的生活比別人的悲慘，這個傾向可能是原因之一。這不僅適用於陌生人，對鄰居、同事，有時甚至是熟悉的朋友和家人也是這樣。

在《以正念應對焦慮》一書中，心理學家蘇珊 · 奧斯陸和麗薩貝斯 · 茹默爾描述了這個基本發現：「我們經常透過別人的外在，來判斷他們的內在。但往往驚訝地發現，某個同事有自殺想法，一個鄰居有酗酒問題，或者街角那對幸福的夫妻有家庭暴力。當你和人們一起坐電梯，或者在商場排隊時愉快交流，他們都看上去平靜、親切。外在的表現不總是反映內在的掙扎。」

其實，大家的生活都不易。外表光鮮亮麗的女生，或許正受憂鬱症的困擾；帥氣挺拔的小鮮肉，也許正被胃病折磨。每個人都有難過之處，都被自己的苦難考驗，都被生活的需求淹沒。

天津科技館有一組作品，我特別喜歡（如右圖）。在光的照射下，觀眾在前面看到的，是溫馨美好的場景。而螢幕後，只是一堆破銅爛鐵。

陽光之下，或多或少，人們都在表演，往往美好而幸福；陰影之中，不為人所見的，才是真實，往往醜陋而不堪。所以，再看到朋友分享的照片，不必太羨慕，他們也許沒有如照片那樣幸福。

你嘗過各種美食，我吃醬油炒飯；你行天高路遠，我窩在方寸之間；你囑大幸福，我享小確幸。誰也不比誰強多少，各安天命，冷暖自知。

# TITLE 幸福，源於和自己比較

我的《職場幸福課》第一季微信課堂，已經順利開講。

在第一堂中，面對群組裡的 200 名學員，我講得很嗨、很愉快。結束後學員在群組裡熱烈討論。

有的說：「老師你講的思維模式概念最棒，令我茅塞頓開。」有的說：「老師你提到的幸福思維很管用，拿來就能用。」有的說：「影響圈、關注圈最容易理解，什麼能掌控、什麼無能為力一目了然。」

當我正飄飄然間，我注意到群組裡一片喜樂祥和氣氛中，有一些不同的聲音出現了。

一個學員說：「老師，你講幸福，我就想問，我每個月賺 4 萬元，要拿 2 萬元還房貸，我怎麼能幸福？」

另一個學員說：「老師，我畢業那年，勤奮積極，努力上進。而公司有個主管，吊兒啷噹不上進混日子，但人家是主管，我比不上人家。」

「後來我離開那個公司，不久公司倒閉，那個主管也失業了。可是 2004 年他父母花 600 萬幫他買房，現在漲了好幾百萬了，我現在的生活，還是比不上人家。」

「老師，要如何才能幸福？」

這兩個問題，看似風馬牛不相及，實際都涉及一個關鍵字：比較。幸福，源於比較。幸福，源於和自己比較。

在我的《職場幸福課》裡，講到一個概念，即幸福思維模式，如圖 1-4。

**圖 1-4　幸福思維：主導你的故事**

**幸福很大程度上，不是取決於發生在你身上的事，而是取決於你怎麼說故事，即如何詮釋、理解和看待發生的這些事件。**

比如說，父母離異，生在單親家庭的孩子，有可能受到童年原生家庭的影響，長大後情感方面，不是很健康。例如不相信異性，不知如何與人交往等等。但我也遇到過，生長在單親家庭的孩子，成年後很樂觀，結婚後對孩子很好，不希望孩子再承受自己小時候的苦難，而且積極參加公益活動，幫助父母離異的孩子健康成長。

發生的事件是相同的，之後不同的心理影響及後面的行為差異，都來源於對父母離異這件事的不同看法。

第一位學員，一個月賺 4 萬元，竟然已經買了房子，有房貸可還，這是多麼幸福的事情！與其吃住靠父母，或者租房寄人籬下相比，已經不可同日而語了！

大學畢業之後，我和女友租住在天津老城區一幢老公寓裡，公共廚房老鼠亂竄，沒有暖氣。冬天，寒風呼嘯。我們用透明膠帶把窗縫貼上，除了必要的活動，晚上 8 點就上床睡覺，擁抱取暖。

現在和妻子談起那段日子，會覺得好苦。可是當時竟然不覺得怎樣，還覺得挺幸福的。我說是因為有女友又不會餓肚子，妻子說是因為年少不知愁。

後來買了房子，儘管一個月賺 5 萬元，要還 2 萬 5 千元的房貸，但是我們很開心。過去一直在租房，現在終於成了房子的主人，和過去相比，生活有了進步踏實的變化。

房子裝修之後，身上分文不剩。搬進新居，除了一張用裝修廢料拼的榻榻米床，家徒四壁，一無所有。省吃儉用，存了幾個月錢，買一個沙發；再存幾個月錢，買一臺電視；再存幾個月錢，等到盛夏，老家的親友來，怕他們太熱，也怕太寒酸，才捨得裝上空調。

那時，日子很簡樸，生活很拮据，但內心一直充滿希望，非常有活力，感覺很快樂，心裡很幸福。我常常想著，我們這些靠自己打拼的孩子，會不會比那些家裡把一切都給買好了，把生活都給安置好了的富二代，更幸福一點。

我們有奮鬥的快樂，有努力打拼的過程，然後享受勝利果實的成就感。我們的生活，是自己創造的。幸福，源於和自己相比較。

日子一天比一天更美好；生命一天比一天更豐富。**幸福就是讓生活一步一步變成自己所期望的樣子。**

幸福，毀於和別人比較。問第二個問題的同學，顯然他的幸福是基於和別人的比較之上。你若安好，我便晴天霹靂；知道你過得不好，我就放心了。

據說，人的痛苦，只有 10% 來自生活的不幸，另外的 90%，都來自和他人比較。雖然，偶爾和不如你的人比較一下，會感到心裡寬慰，感恩生活。但人要有追求，習慣性關注比我們過得更好的，這就完蛋了，人比人氣死人。

幸福，毀於和他人比較。因為，他人的生活，是我們無法掌控的。

在《高效能人士的七個習慣》一書裡，提到了影響圈和關注圈的概念，如圖 1-5。

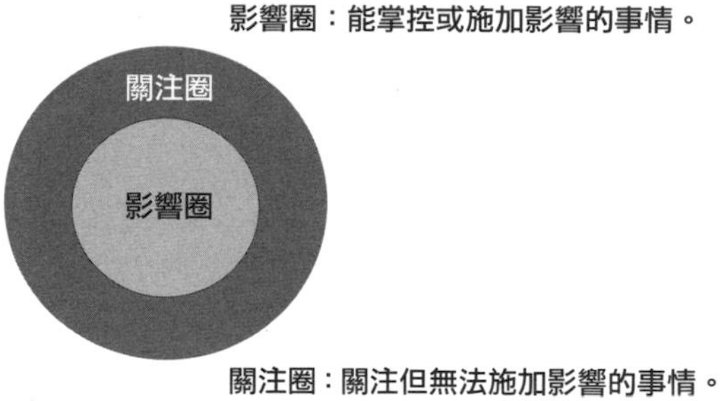

影響圈：能掌控或施加影響的事情。

關注圈

影響圈

關注圈：關注但無法施加影響的事情。

圖 1-5　影響圈和關注圈概念

影響圈，是你能掌控和施加影響的事情。比如今天穿什麼衣服，是否努力工作，情人節給妻子送鮮花還是買菜花。

關注圈，是你關注但無法施加影響的事情。比如老闆的事情，比如誰當總統，或是六歲小孩該不該上春晚表演。投諸時間、精力、視角在影響圈，你就幸福，因為這些事你能掌控。

而太過關注關注圈裡的事情，你就沮喪、鬱悶、忿忿不平。像出身就屬於關注圈，有人含著金鑰匙，我們只能喝米粥。哈佛大學積極心理學翹楚泰勒 ‧ 沙哈爾曾經說過，幸福的秘密，就在於「現實」。**幸福就是面對現實，接受現實，然後積極地去改變和創造現實。**

幸福的關鍵字，是比較。幸福，源於和自己比較。這個世界上，99.99% 的事情，都是我們無法掌控的。唯一有主動權的，就是自己的成長。今天的我，要比昨天的我更進步，更成熟；明天的我，要比今天的我更精彩、更豐富。

幸福，毀於和別人比較。把自己的幸福，建立在和別人的比較上，無異於交出主動權，等同於自殺。王小波說，人的一切痛苦，本質上都是對自己無能的憤怒。別人的事，你都無能為力，剩下的，就只能是憤怒了。

引用我很喜歡的一段話作為結尾：與別人相比，雖然是所有人的第一反應，但那是一種永無寧日、絕無勝算的自我折磨。如果你有能力，記得要和自己比，讓自己過得好一些。

**理解自己的心有多大，給人生做加法帶來快樂，做減法帶來安心，加加減減到讓自己舒服。**

世界雖然沒有給每個人提供完美生活，但是卻給每個人足夠的資源拿到他們應得的。

# TITLE 創造自己人生的藍圖

某天我以嘉賓的身份，到廣播電臺「都市之聲」錄音。和主持人聊得興致盎然時，有一位媽媽留言提問：「您是職業導師，我想諮詢一個問題。我兒子剛剛畢業，有幸考上公務員，能進公家機關。但他偏偏想進私人企業，我該怎麼說服他？」

在節目現場，我回覆說：「我不會給您如何說服他的建議，不過有兩個建議，供您參考。」

「和兒子分析一下，做公務員能實現什麼、帶來什麼。進企業能實現什麼、帶來什麼。決定職業選擇的是價值觀。看看公家機關和私人企業，哪個更能實現您兒子追求的價值。」

「分析之後，讓兒子作決定。無論他選什麼，都無條件支持他，而且帶著愛。」

是的，無論孩子最後選什麼，家長都該無條件支持，而且，帶著愛。

愚公移山的故事，婦孺皆知。愚公年近九十，嫌太行、王屋二山礙事，非得將其移除。智叟譏笑他：「你這快進棺材的人了，豈能移山啊。」愚公回答：「雖我之死，有子存焉；子又生孫，孫又生子；子又有子，子又有孫；子子孫孫無窮匱也，而山不加增，何苦而不平？」

只要有毅力，移山填海都不是問題。問題是，從職業生涯角度來看，我們考慮過愚公子孫的感受嗎？他們生下來就得遵從老祖宗的遺命，世世代代去挖山。如果正巧，他們也喜歡挖山，心甘情願完成祖先未竟事業，那還好。倘若他們喜歡你耕田來我織布，你挑水來我澆花的生活，卻非得追隨祖先，一鍬一鎬去挖山，這是不是很悲慘？

況且，由於價值追求的差異、時代視野的局限，人生體驗的不可替代性，父母的建議，僅能做參考。

**第一，父母和 8 年級的職場新鮮人，價值觀差異大。**

如今的 8 年級小白領，父母大都是 5 年級的。那個時代的人，工作上最為看重的價值是安全、穩定、保障。媽媽主張孩子去考公務員，進公家機關，就是其職業價值觀的展現。他們的子女進入社會，什麼安全啊、穩定啊，再也不是他們的追求。

我妻子在銀行參加理財講座，回來跟我說起她服務的客戶經理的事。這年輕人在銀行工作兩年多，白天上班，晚上去自己的公司，和幾個人合夥做網路線上產品。他腦子裡正在醞釀一個專案，琢磨著要找馬雲，說如果有機會見到馬雲，一定能說服他投資。

正如馬斯洛需求層次所描述的，逐級而上，由安全需求，到社交與愛的需求，再到自我實現。大部分八年級的孩子，經由父母滿足了安全、社交與愛的需要後，直奔成功、自我實現夢想而去。

有一次，我在北京一所高校幫畢業生演講，提到工作進入職場，我建議可以培養一個和老闆共同的興趣愛好。比如老闆癡迷釣魚，你不妨研究垂釣。老闆喜歡跑步，你不妨穿上跑鞋。老闆熱衷攝影，你不妨扛起相機。我們依仗老闆升職加薪，有共同的業餘愛好，可以在工作中 8 小時之外增進和老闆的關係。

在演講後的問答時間，一位女生站起來質疑我：「老師，我不同意您的觀點。上班 8 小時我已經給老闆賣命了，為什麼下班後還得把時間給老闆？」

父母那套職業價值觀，和現在很多年輕人的想法都相去甚遠。從這個角度來看，8 年級的孩子，更接近歐美青年，不需考慮溫飽，已經開始追求夢想。

## 第二、父母的視野，嚴重受時代侷限

「我走的橋，比你走的路都多；我吃的鹽，比你吃的飯都多。」每當和子女意見分歧，父母都會這般苦口婆心。

這明顯是小農經濟、足不出戶時代的表達方式。父母確實無數次走過村口的小橋，但是飛機和時速達 300 公里的高鐵，早已帶孩子走遍天下；父母只吃過碘鹽，而孩子已嘗遍各方美食。過去的經驗，完全不管用了。

科技影響職場，工廠生產線、銀行櫃檯、超市收銀臺等工作崗位，機器人將取代人工。

互聯網改變世界，實體店鋪、商場，正在萎靡，並紛紛倒閉，能透過網路解決的，誰還會親自跑去店面。

朝九晚五的工作模式，越來越鬆動，上班時間不規律的自由工作者，會越來越多。未來的世界，人們要不工作宅在家，要不旅行走天涯。

叔本華說，每個人都把自己眼界的極限，當作世界的極限。莊子說，井蛙不可以語於海者，夏蟲不可以語冰。一日千里，日新月異，父母的視野，怎麼能看到這些變化？

**第三，父母不能代替孩子體驗人生。**

每次女兒跑一跑而摔倒，看著她摔得瘀青的腿，她媽媽都心疼，一邊安慰一邊埋怨：「哎呀，你下次能不能小心點啊！」我也心疼女兒，但通常會和妻子說：「她摔倒了，你安慰她就好。下次小心點這種話，其實沒必要說。孩子喜歡玩，玩就可能摔倒。她不會因為你說過要小心，就減少摔倒的次數。沒關係啦，多跌幾次，就不摔了，就成長了。」

人生選擇也是一樣。父母不能一直陪著孩子，應該儘早放手，讓孩子來做決定。否則，未來面臨重大抉擇，他們會無從下手。即使失敗，也是人生體驗，父母不能剝奪孩子失敗的權利。如果什麼都安排好，沒有美麗的意外，沒有新奇的冒險，沒有跌宕的起伏，那活著還有什麼意義。

年輕時候，不必追求最好的選擇，因為也沒有所謂的最好選擇。愛做什麼工作，就去努力；喜歡誰，就去追求；想過什麼日子，就去嘗試。失敗過、哭過、痛過，30 歲以後才能從容選擇想要的生活。

面臨人生抉擇，如果和父母意見一致，那最好不過。如果有分歧，別聽他們的話，堅持走自己的路，你絕不是為他們而活。他們給了你生命，但早晚你要飛出巢穴，脫離庇佑，開創自己的人生，委婉而堅定地說：謝謝，這很好。而我，有自己想過的生活。

# TITLE 行為 VS. 態度

聽說梁朝偉演《色戒》時，因為需要深入揣摩角色，以致精神受盡折磨。他說：「角色每天要審判和害人，日日都被人罵漢奸，又要經常罵人和兇殘地毒打、踢人，令我好壓抑好憂鬱，覺得自己已經變成那麼殘暴的人，經常怕被人暗算，真是天天生活在水深火熱之中。」

心理學研究證明，行為會影響態度。入戲太深，太投入角色，演員的態度甚至思維模式都會受到角色影響，以致所作所為，都和角色一致了，分不清戲裡戲外。

現實生活中我們也經常聽說這樣的故事：一對年輕男女，最初只是開玩笑扮演戀人，玩著玩著認真了；一個年輕人，春節回家為了讓父母高興，租了個女孩做女友，兩人假戲真做動了真情。

而通常在我們的理解裡，態度是主導的，決定行為的。戴維·邁爾斯在《社會心理學》下的態度定義說：態度可以界定為個體對事情的反應方式，這種積極或消極的反應，通常出現在個體的信念、感覺或者行為上。比如，某個人認為另一個人很討厭（態度），那麼他可能會不喜歡這個人並且因此做出敵視的行為。

那反過來，行為也會影響態度。這就如同角色扮演一樣，那些處於特定社會位置的人被期望表現出某種行為，起初他們可能覺得很虛假，但很快就會適應。

最著名的實驗就是斯坦福大學心理系教授菲利普 · 津巴多的斯坦福監獄。津巴多用拋硬幣的方式，指派一些學生做獄卒，分發了制服給他們、警棍、哨子；而另一半學生則扮作犯人，他們穿著令人羞恥的衣服，並被關進單人牢房。

在經過一天愉快的角色扮演之後，獄卒和犯人，都進入了情境。獄卒開始貶損犯人，並且一些人開始製造殘酷的侮辱性規則。犯人崩潰、造反，或者變得冷漠。

津巴多在報告中說：人們越來越分不清現實和幻覺，分不清扮演的角色和自己的身份，這個創造出來的監獄正在同化我們，使我們成為它的傀儡。

隨後津巴多發現事態越來越不可控制，不得不在第六天放棄了這個本來為期兩週的實驗。

現實中的美國士兵侮辱伊拉克戰俘事件，前段時間反日遊行裡，某些國人不理智的衝動反應，尤其是拿車鎖砸同胞腦袋的行為，都表現了行為對態度的影響，當進入某種角色的時候，整個人格都改變了。

而道德的行為，特別是主動選擇而非被迫做出時，會影響道德思維和態度。

研究者假扮成安全駕駛的志願者，請求加利福尼亞人在院子裡安置巨大的、印刷比較粗糙的「安全駕駛」標誌，結果只有 17% 的人答應了。然後研究者請求其他人先幫一個小忙：「可以在窗口安置一個 3 英寸的『做一個安全駕駛者』

的標誌嗎？」幾乎所有人都欣然答應了。

兩週後，76% 的人同意在他們院子豎立大而醜陋的宣傳標誌。

行為影響了思維和態度，讓人們覺得自己是個有社會責任感的人。為什麼行為會影響態度呢？戴維 · 邁爾斯認為主要原因有三個：

## 第一，自我展示——印象管理。

沒有人願意讓自己看起來自相矛盾，所以我們表現出與自己行為一致的態度。心理學家實驗發現，直接讓居民捐款給癌症團體，在多倫多郊區僅有 46% 住戶樂意捐款。而如果前一天讓他們戴著一個翻領別針宣傳這項活動（他們是自願的），那願意捐款的數量是前者的兩倍。當人們承諾公眾行為並且認為這些行為是發自內心的時候，他們會更加堅信自己的所作所為（態度）。

正如亞裡士多德所言，我們由於行使正義而變得正義，由於練習自我控制而變得自我控制，由於行為勇敢而變得勇敢。

## 第二，自我辯解——認知不協調

我們的態度改變是因為我們想要保持認知間的一致性，尤其是在我們的行為理由不足時，我們會感到不舒服（不協調），因此就會調整自己的態度，更要相信自己的所作所為。

2003 年伊拉克戰爭，主要起因是推測薩達姆・海珊可能擁有大規模殺傷性武器，戰爭一開始，僅有 38% 的美國人認為即使伊拉克沒有這些武器，這場戰爭也是正義的，其他美國人相信他們的軍隊會找到這些武器。

可是在戰爭中，海珊什麼厲害的武器也沒有，這讓美國人感到有些困惑，一些人就修正了開戰的主要原因：從殘暴的種族滅絕的統治下解放被壓迫的人民。結果，戰後一個月，58% 的美國人在即使沒有找到大規模殺傷性武器情況下仍然支持這場戰爭。

大部分美國人自我欺騙、自我説服和辯解：是否找到大規模殺傷性武器變的無關緊要了。

**第三，自我認知和暗示。**

我們判斷別人態度如何，往往是觀察人們在特殊情境下的行為，然後將其行為歸因於其態度。

同樣，我們可以像旁觀者一樣觀察自己的行為。當我們的態度搖擺不定或模糊不清時，我們傾聽自己的聲音，則可以瞭解自己的態度；觀察自己的行為，提示自我信念有多麼堅定。

所以，如果人們發現自己答應了別人的一個小請求，他們可能認為自己熱心助人，這個自我認知會導致後來答應別人更大的請求。

行為可以修正自我觀念，即使是臉部表情變化，也可以影響態度和情緒。德國心理學家弗裡茨・斯特拉克和同事在1988年研究也發現，當用牙咬住一支鋼筆時（會牽動笑肌）比起僅僅用嘴唇（不會牽動笑肌）含住時，人們會感覺卡通片更加有趣，那些被誘發出微笑表情的人體驗到了更多的快樂情緒。

這也是積極的自我宣言和心理暗示，會強化自信和推動行動的原因。我們在傾聽自己的聲音，進而瞭解自己的態度。

說了這麼多理論，那麼，怎麼把「行為會影響態度」這個理論應用到實際中呢？

**第一，想要養成某種習慣，那就先付諸行動。**

如果我們想要改變自己某個重要的方面，最好不要等待時機或靈感，要做的就是開始行動——立刻寫一篇論文，去打那個電話，去見那個人，儘管我們非常不情願那麼做。

所以有人建議那些具有雄心壯志的作家，即使冥思苦想也無法有靈感，但也還是要拿起筆來進行寫作。寫著寫著，你就會發現自己的藉口消失了，你會繼續寫下去，就像所有慣於寫作的人那樣。

**第二，用積極的行為創造正面的心態。**

皺眉會鬱悶，微笑會快樂。以頹廢的姿態坐一整天，唉聲歎氣，或用一種陰沉的聲音說話，你的憂鬱會一直持續。而邁開大步走上一會兒，淋漓盡致運動一場，會讓人鬥志高昂、充滿熱情。我不是因為高興而歌唱，是因為歌唱而高興。

**第三，讓別人喜歡你很簡單，只要找他幫忙。**

對他人的積極行為會增強對那個人的好感，列夫 · 托爾斯泰寫過：在很大程度上，我們並不是因為別人對我們好而喜歡他們，而是因為我們對他們好。

班傑明 · 富蘭克林的經歷證實了給他人提供幫助會加強對其好感的觀點。早年他有個反對者，富蘭克林聽說對方有一本非常珍貴的書，就寫信懇求對方借他，對方立即就寄給了他。

一週之後富蘭克林歸還並強烈表達了謝意，等他們再次在議會廳碰面，對方主動打招呼並非常彬彬有禮，隨後他甚至，在任何情況下隨時準備幫助富蘭克林，就這樣他們成了終生的朋友。所以，要讓誰喜歡你，就大膽的去麻煩他。

**第四，愛是一個動詞，如果你想更愛他人，你就要表現出你真的愛他。**

愛的行為，會增強自我認知和暗示，強化愛的感覺和濃度。開始只是做戲的情侶，因為在一起吃飯、看電影、親密互動，慢慢入戲，最後真的相愛了。相伴多年的夫妻，因為相互關懷照顧，雙方的愛日漸濃郁。所以建議那些剩男剩女，不要等待那個 perfect 的人出現才去愛，要去嘗試，給對方和自己一些機會，愛是動詞，表現愛的行為，嘗試後或許會帶來愛的感覺。

心理學研究表示，見面頻率多，就會增進感情。一見鍾情，大多只發生在電影裡。生活中，更多的是日久生情。態度會影響行為，行為也會影響態度。要想成為什麼樣的人，你就裝成那種人，裝著裝著就習慣了，裝著裝著就成真了。

所以，無論追求一個人，還是追逐夢想，行動非常重要。做夢，有了夢想再去做，當然很好，這是態度影響行為。有時，做著做著，夢想會越來越清晰，這就是行為影響態度。

SECOND LESSON

第二課

# 永遠不放棄，遇見更好的自己

# TITLE 架構不凡的個人戰略

職場幸福四要素（如 P.014 圖 1-1）的右邊，是「自我發展」這是我們和未來的關係。如果不能在職場獲得自己想要的發展，達成想要的目標，我們不可能太幸福。

那麼在本書第二課，關於自我發展的部分，我會和大家一起探討怎麼設定目標、如何達成，讓自己主宰未來。首先，我們來總結一下過去一年的收穫。

以下推薦工具：本年度個人十大成就事件，如圖 2-1。

**本年度**
**個人十大成就事件**

1. ……
2. ……
3. ……
4. ……
5. ……
6. ……
7. ……
8. ……
9. ……
10. ……

**圖 2-1　本年度個人十大成就事件**

我們可以用它來整理和總結一下，上一年的收穫。每年年底，我都會這樣做。比如圖 2-2 是 2016 年底，我填寫的成就事件清單。

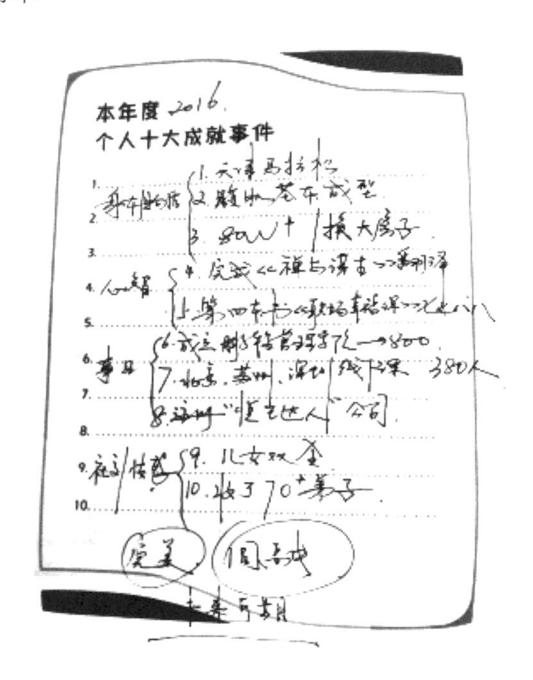


**圖** 2-2　2016 **年我的十大成就事件**

我把成就事件分為了四個部分：身體／物質、心智、事業、社交／情感。

## 身體／物質

一、完成天津馬拉松。

二、六塊腹肌基本成型。

三、離開外企創業第一年，僅用 10 個月時間，收入超過在外企時的年薪，換了大房子。

## 心智

四、完成《禪與謀生》的翻譯，這是我翻譯的第三本書。

五、我自己的第四本書《職場幸福課》完成 80%。

## 事業

六、創立鵬程管理學院，招收近 800 名學員。

七、北京、蘇州、深圳三場線上講座，約 380 人參加。

八、成立「悅己達人企業管理諮詢有限公司」。

## 社交／情感

九、收了一群可愛、有愛的學生。

十、兒子出生，湊成一個好字，兒女雙全。

繪製下一年度圓方規劃圖，如圖 2-3。

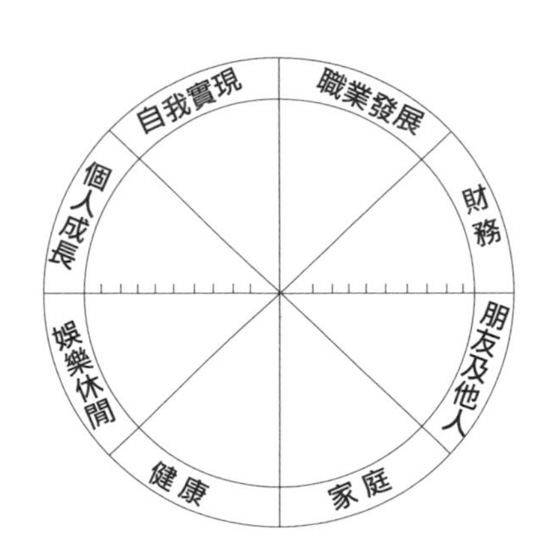


**圖 2-3　圓方規劃圖**

圓方規劃圖源於平衡輪，它涵蓋了一般職場人士，生命最重要的八個領域：

**健康：**如運動、飲食、睡眠等等。

**娛樂休閒：**就是業餘愛好，吃喝玩樂。

**家庭：**對親人的陪伴，家庭下一年度的大事等等。如果你已經結婚，這個家庭就是指你的家庭，丈夫／妻子及孩子。

**朋友及他人：**包括朋友社交，及父母在內。為什麼把父母放在這裡，而不是家庭那項呢？主要是因為，中國人的很多不幸福，都源於與上一代切割的不夠清楚。比如上一代往往把自己幸福與否寄託在下一代身上，這給下一代造成了特別大的壓力。尤其剩男剩女應該特別有體會，過年都不願意回家，父母會天天囉嗦著：怎還不結婚？那個〇〇〇小孩都生幾個了，還不快生一個孫子給我抱抱。

**財務：**很簡單吧，這一年要賺多少錢，存多少錢，股票只能賠多少錢等等。

**職業發展：**在目前的職位上，如何精進和成長。如果不喜歡現在的工作，下一步職業轉換計畫是什麼……等等。

**個人成長：**它比職業發展的範圍更廣，職業發展大多聚焦在現有和未來職業角度，而個人成長更廣泛，指的是通用能力和綜合素質的提升。如讀書、寫作、學英語、學軟體等等。

**自我實現：**最後的自我實現，自我實現是關於什麼的呢？

對的，是關於夢想的。人總要死去，終點一致，那怎麼活過這一生，就至關重要了。

我總是鼓勵年輕人，要去追求夢想，不斷挑戰和突破，做一些引以為傲的事情。否則，當你老了，孫子孫女圍繞著你，你和他們炫耀什麼呢？你總不能說，老子當年看了1000多集韓劇，打了多少關遊戲吧？

你可能會吹噓，老子當年走過多少個城市，攀登過多少座山峰，或者練過六塊腹肌，雖然現在就剩一塊了。

所以自我實現是關於夢想的，每年都制訂一些計畫，去實現你內心裡，最強烈的渴望。

當然，圓方規劃圖上的這八個部分，是我們專家的觀點，你可以根據自己的狀況，隨意修改這八個方向，改成你最在乎的內容。甚至不用分成八項，六項和四項也完全可以，那是你的人生，你說了算。

圖 2-4 是 2017 年我的圓方規劃圖，我用它來解釋一下繪製的三個步驟：

（1）評估上一年度滿意度。用黑色的筆，畫出每個專案的滿意度。圖裡面直線上是有刻度的，圓心是零分，每個刻度是 1 分，越往外越高，滿分 10 分。逐項評分，如下圖那樣塗滿。

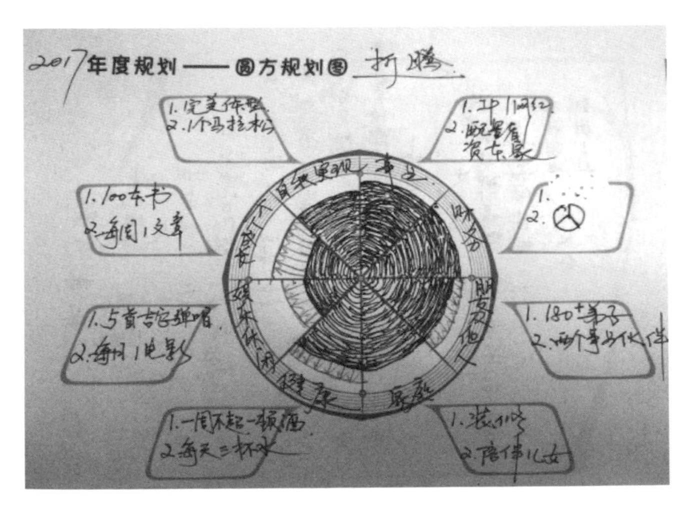


圖 2-4　2017 年作者的圓方規劃圖

如 2016 年，我事業、財務方面滿意度是 9 分；自我實現、健康、家庭、朋友及他人是 8 分；個人成長和娛樂休閒較低，僅僅得了 5 分。

這個是對滿意度的評價，和你的期望有關係。也就是說，某個方面今年你可能收穫不多，但你本身期望較低，那也可能得到比較高的分數。

之所以要求大家評分後塗滿顏色，那是因為這些顏色會形成一個圖形，這個圖形是什麼樣子比較理想呢？是的，圓形比較理想，表示你的生命比較平衡。你可能有聽過很多人講的幸福課，理念各不相同，工具千差萬別，但一定都強調平衡。如果你的生命有比較大的缺憾，你絕對不會太幸福。

（2）設定明年的期望。接下來，就是用筆畫出你下一年的期望，每個領域你希望提升到幾分。建議不要每個方面都提升，畢竟精力有限，不太可能都實現。

如 2017 年，我計畫把健康和朋友及他人這兩個方面，由 8 分提高到 9 分；把娛樂休閒從 5 分提高到 7 分，因為 2016 年光忙著創業，忽略了吃喝玩樂；把個人成長從 5 分提高到 8 分，創業壓力比較大，我看的書變少了，幾乎沒寫文章，腦子的輸入和輸出都很慘。

（3）制訂具體行動計畫。前兩步，我們都在玩圓方規劃圖圓的部分，第三步，該搞定方了。我們對下一年有了期望，希望滿意度達到多少分，要怎麼實現呢？

難道在這寫寫畫畫，想像一下就能實現嗎？當然不能，必須設定目標，積極行動。這一步，我們就在圓的外部，針對每個領域，設定具體的目標。比如健康方面，我計畫一週不超過一次酒，每天喝三杯水。

個人成長方面，我要讀 100 本書，每週寫一篇文章。事業方面，我要成為超級講師，打造一兩個網紅，成為資源配置者和資本家。

自我實現方面，我會練出完美體型，參加一場馬拉松。這就是圓方規劃圖的繪製過程，它是個非常、非常、非常強大的自我管理工具。我個人使用這玩意兒近 10 年，親證有效！

接下來繪製每月生命之花。將年度目標，分解到每個月完成，列出每個月目標，如圖 2-5。

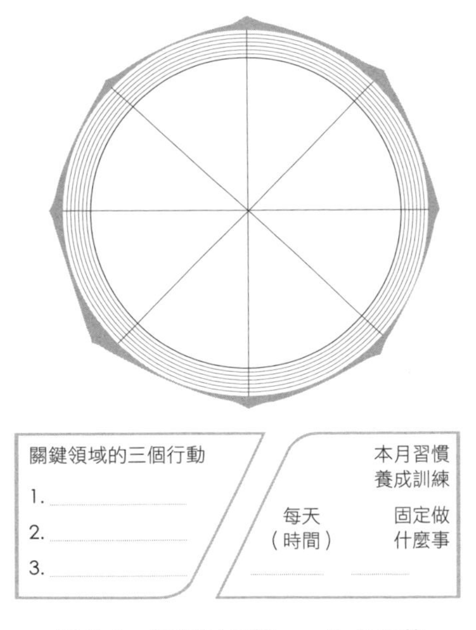


**圖 2-5　每個月目標——生命之花**

最後制訂每週計畫。根據工作任務的輕重緩急，制訂每週計畫，如表 2-1。

**表 2-1 制訂每週計畫**

月　日~　月　日

| 本週要事 | 星期一 | 星期二 |
|---|---|---|
| | | |
| | | |
| 重要合作伙伴 | | |
| | 小確幸 | 小確幸 |
| 星期三 | 星期四 | 星期五 |
| | | |
| | | |
| | | |
| 小確幸 | 小確幸 | 小確幸 |
| 星期六 | 星期日 | 本周小結 |
| | | 本周滿意度： |
| | | 滿意完成事項： |
| | | |
| | | 改進方法： |
| 小確幸 | 小確幸 | |
| | | 本周心情 ○　自我激勵 ○ |

TITLE

# 注意力在哪裡，力量就在哪裡

我參加了瑪麗蓮博士的國際培訓師培訓。分小組練習的時候，瑪麗蓮老師發現有些同學不認真，並沒有按她的要求演練，而是在討論與練習無關的內容，還有男生在和漂亮女生聊天。回到教室，瑪麗蓮老師說了這樣一個隱喻故事。

在一個島上，有一片香蕉園。香蕉成熟時，島上的猴子經常來偷食，島民們頭疼不已。猴子們經常趁夜晚來，一番糟蹋，讓人防不勝防。一段時間之後，島民終於想出一個辦法。他們在香蕉樹上，用結實的繩子，拴上椰子，椰子上打了一個猴爪大小的洞。椰汁被倒空，裡面放上一種甜米，這種甜米是猴子特別喜歡吃的食物。

夜幕降臨，偷慣了香蕉的猴子，又如往常出現。一隻小猴子，探頭探腦觀察敵情，確定安全後，迅速爬上了香蕉樹。扯下、剝開，吃掉一根香蕉。當再伸手拔香蕉的時候，小猴子忽然看到頭上有一顆椰子。它好奇地伸手碰了一下，迅速地收回。

它接著又試探地碰了幾次，確認沒事！不但安全，而且椰子的洞裡，散發出誘人的甜米味道。小猴子完全忘記了香蕉的事！它在椰子洞口摸索了一會兒，內心好一番糾結。終於抗拒不了誘惑，伸爪進去，握住了那團甜米。

可是洞口的大小，只能容猴爪進去。進去是進去了，可握住甜米，攥成了猴拳，就退不出來了！小猴子百般掙扎，但無論如何都無法掙脫。它想連椰子一起扯下來，可是繩子將椰子牢牢綁在樹上。它只需要將手裡的甜米鬆開，就可以掙脫。但那誘惑太大了，它怎麼也捨不得放手。

就這樣折騰了一夜，小猴子精疲力竭。第二天早上，島民趕來。看到有人過來，小猴子劇烈掙扎，但還是不捨鬆手，最後被生擒活捉。

用同樣的方法，島民又捉到了幾隻猴子。猴群裡一傳十，十傳百，再也沒有猴子敢去偷香蕉了。

故事講完，瑪麗蓮老師大笑，睿智地總結：「猴子是多麼容易分心啊！本來它們是要偷香蕉的，而半路受到了吸引分了心，就忘記了自己想要什麼。」

作為猴子的後代，我們也是很容易分心，忘記了自己最初的目標。有些初入職場的孩子，會問我如何能迅速成長，得到所謂的成功。**而成功的秘密非常簡單，就是專注。注意力在哪裡，能量就流向哪裡。時間花在哪裡，成果就在哪裡。**

每個新年一開始，我們之中的大多數人，都制訂好了新年目標，雖然最後實現不了幾個。

要如何才能夠如計畫實現目標呢？這裡有三個建議：

**第一，放下手機。**

手機對專注力的破壞，不需贅述。最近聽到兩個演講，一個來自哈佛大學博士，積極心理學翹楚泰勒 · 沙哈爾。另一個來自《把時間當朋友》的作者李笑來。他們分享了一個共同的習慣，就是在特定的時間，關掉手機，專注於重要的工作。

沙哈爾說，他在家時不接手機，只用一部親戚朋友能找到他的室內電話座機，以備急事聯絡。而李笑來工作時不看手機，待工作完成，才回覆必須的訊息或電話。

這是非常有效的方式，叫做電子靜默，即排除電子設備的干擾。如果白天做不到，我們不妨在晚上找段時間，即使不關掉手機，也遠離 Line、微信等社群軟體，專注於眼前事物。

你放心，什麼事都耽誤不了。這個世界上發生的事情，99.99% 都與你無關。除了錯過朋友們的打屁閒聊，你什麼都不會錯過。

**第二，一段時間，只專注於一個目標。**

前兩天，一個好朋友私訊找我，說：「我 2016 年過得不錯，學會了古箏，開始了跑步，馬甲線也練出雛形。可是，學英語的習慣，還是沒養成。王老師，怎麼辦才好？」

我說：「怎麼辦？你已經養成了三個好習慣，還想怎樣呢？」

人的意志力是有限的。就如同電動時，你的人物一共就 10 格血。意志力總量有限，每一個新習慣的建立，新目標的達成，都需要耗費意志力。練古箏、跑步、鍛鍊馬甲線，已經耗光了你的意志，血越來越少，哪還有力量培養英語習慣？

所以，別貪心。一次就專注一件事，待它養成習慣，不再需要耗費能量，再去挑戰新目標。

**第三，過度學習是一種病，得治。**

我有一些特別積極上進的年輕朋友。看他們的動態會發現，週一他在聽「改變自己訓練營」線上課程，週二在「年讀百書」群組裡發言，週三去國際演講協會演講，週四又玩思維導圖。確實夠忙碌的。而這，屬於典型的學習焦慮症，得治。

他們像極了一些進修達人，什麼熱門課都會看到他們，不禁讓人想問「How old are you」怎麼老是你啊？

所有好的課程，本質都是一樣的。只要學會一門，並深入實踐，這樣就足夠了。

就像學英語，無論在地球村，或是芝麻街，只要專心在一個地方學好學滿，就一定可以有所成就。怕的就是今天嘗嘗這個，明天試試那個，後天再接觸另一個。

地表 10 公尺之下，一般都會有水。固定一處深挖，自會湧出清泉。在 A 點刨兩下，換去 B 點挖兩下，再去 C 點鑽兩下，不管哪裡都會徒勞無功。

我的培訓師朋友蔡明，兩年前摒棄了所有其他課程，專注於行動教練。現在，他開的《行動教練》課程已經成為我所知道發展最快的教練課程，沒有之一！

我的朋友李忠秋，只專注於結構化思考力研究。兩年，他開的《結構化思考》課程已經成為我知道最知名的同類課程！

2017 年，我將減少其他課程講授，專注於《職場幸福課》開發與推廣，致力於將它打造成中國最實用的職場幸福課！

**你的新年目標已經制定了，而專注，是實現它們的秘密。少即是多，慢即是快，這也是成功的秘密。**

## TITLE 別讓過去綁架了你的未來

面對負面事件，有一個極其有效的工具，即 ACT 行動模型。

**A 是 Accept，接納。**

就是全然接受發生在你身上的，那些悲慘、鬱悶、煩心的事情；以及伴隨而來的，那些悲傷、憤怒、失望等負面情緒。不抵抗、不拒絕、不逃避。

哈佛大學教授，積極心理學翹楚泰勒 ・ 薩哈爾博士，在北大一次演講中，分享了幸福的三個秘密。

第一個秘密，是現實。

第二個秘密，是現實。

第三個秘密，還是現實。

**是的，幸福的首要基礎，是接納現實。**

人有悲歡離合，月有陰晴圓缺，生命的組曲裡面，有愉快、高昂的曲調，也必然有憂傷、低沉的音符。這是生命的過程，生而為人，必然要經歷和體驗。

同時，接納負面事件引發的情緒。此時，我是憤怒的，我是哀傷的，我是鬱悶的，這都沒有問題。要允許自己有七情六欲。我又不是聖人，遇到混蛋怎麼會不生氣？所以，不要相信市面上那類《你可以不生氣》的書籍和課程，全是天方夜譚。

抵抗情緒，只會加劇情緒。我們的不快樂，往往來自於對負面情緒的抵抗。那個討厭的傢伙，不值得我再為他生氣，不要再想他了！越壓抑，就越生氣，就越想他。

就如現在，我跟你說：「請抬頭離開手機，閉上眼睛，不要去想那個傷害過你，又狠心離去的前男友或前女友。」而浮現在你腦子裡的，一定是那個前男友或前女友吧。

所以，面對負面事件，要全然接受，這就是生活的一部分，除非你不是人。然後，接納和覺察隨之而來的情緒。我很生氣、我很憤怒、我很絕望，這一次，我是真的受傷了。

**C 是 Commit，承諾。**

接納之後，是承諾。允許自己沉浸在負面情緒中，全然接納之後，做出承諾：不管發生什麼，我要為自己負責，是的，我是自己人生的主宰。

我總要選擇。人世間的事，就分兩種：一種是你能影響和改變的；而另一種，是你完全無法掌控的，你根本無能為力。

對前一種，承諾去行動，去改變。而對後一種，調整自己嘴角的曲線，微笑，而無奈地接納。

我在蘇州有個女性朋友。她有一天傳訊息給我，說：「王老師，你有機會可以寫寫我的遭遇。

「我老公的哥哥，前幾年做生意，把我們家在青島的房子抵押給銀行貸款。現在哥哥欠了好多錢，跑路去了韓國。」

「我們根本找不到他，房子就這麼沒了。我太恨他了，恨得咬牙切齒，怎麼辦？」

我回答她：「可以恨，接納自己的恨。」

「然後呢？」

「嘗試了所有辦法，都收不回自己的房子，然後，就忘記這件事吧。」

「這件事，是生命的一個插曲。它已經影響了你過去的心情，你又無能為力，難道你還要讓它一直綁架你，影響你的未來，一生的幸福？」

美國匿名戒酒委員會有句禱告詞：**主啊，請賜我勇敢的心，去改變那些我能改變的；請賜我平靜的心，去接納那些我不能改變的；請賜我智慧的心，分辨這兩者。**

所以，接納之後，做出承諾：對能改變的，我盡力而為；對不能改變的，let it go，讓它去吧。

**T是 Take Action，採取行動。**

第三步，很簡單，採取行動。改變可以被影響的，可以搞個告別儀式，對那些無能為力的事，say goodbye。

我朋友蕭秋水，她的初戀男友曾經和她提及：「在你寫書，或者將來寫自傳時，一定要寫寫我。」

秋水問：「寫什麼呢？」言下之意，是沒什麼好寫的。

這是對過去之事豁達的態度。過去之事，已經無法改變，就不必留戀。所以，我們會討厭那些，十年過去還要回頭找初戀，或者想重溫舊夢，或者想看看對方過得好不好的人。

在大理，我遇到了一個有趣的人。那天下午三點，大理古鎮，溫度適宜。空氣裡彌漫的都是慵懶的味道。

遊客稀少，店鋪老闆在電腦前打電動，有時又捧著手機看《芈月傳》，並不賣力地兜售。街邊小店屋簷下的風鈴，隔半天才會象徵性地隨風叮鈴一聲。

兩隻肥貓，一黑一白，眯著眼，蜷臥在咖啡館門前的長椅上。偶爾抬頭環顧，喵都懶得喵一下。

幾個流浪漢隔段距離分佈，在自己的地盤上打著瞌睡。我從一家T恤店出來，在古鎮的街道上慢步閒逛。忽然，一個老年乞討者，右手拄著一根拐杖，左手伸向我，嘴裡咕噥著模糊不清的言語。

我掏出錢包，沒找到零錢，微笑著說：「不好意思，沒零錢了。」老者並不糾纏，我側身而過，繼續閒晃。

就在這時，我忽然聽到身後的老者不迭聲地說：「謝謝，謝謝，謝謝！」

我轉過頭，看到那個乞丐，正對一個中年男子點頭哈腰道謝。乞丐剛剛還空空如也的左手裡，捏著幾張紙幣，一共幾百元的樣子。

顯然，錢全是那個男子給的，而金額遠遠超出乞丐的期望。怎麼會有人一下子給乞丐這麼多錢？我好奇地打量那個男子。衣著普通，並不像富豪，身邊跟著一個中年婦女，兩人看起來像夫妻。

我們往前走沒幾步，那個男子又從右邊的褲子口袋掏出幾張鈔票，給了下一個乞丐！ 這太讓人費解了！

好奇心驅使，我眉頭緊鎖，放慢腳步，故意跟在後面，緊緊跟著那對男女。遇到第三個乞丐，那個男人又掏出了一把錢施捨，乞丐都受寵若驚。百思不得其解，我一路尾隨，直到他倆停在了一家咖啡館的門前。中年男人面帶倦容，點了瓶啤酒，點了根煙。

我坐到旁邊的桌子上，點了瓶同樣牌子的啤酒，伺機搭訕，想探個究竟。喝了幾口啤酒，我假裝拍拍自己的口袋，做出找東西的樣子，然後探身過去對那個男人說：「大哥，能給根煙嗎，我放在酒店了。」

男人慷慨地把煙和火推過來，我抽出一根點著，深深吸了一口。簡單攀談幾句後，我說：「大哥，我沒別的意思，只是好奇。我剛才注意到，你給了那幾個乞丐好多錢，一般很少有人給那麼多。」

男人哈哈一笑，身子往椅背上一靠，和旁邊的女人對視了一下，然後說：「我們是在佈施。」

「佈施？」我好奇地問。

「嗯，佈施。」男人說，「今年，我們家太背了，特別不順。做生意被朋友騙了，孩子還生了病。這一年非常鬱悶，我們倆趁年底出來散散心。」

「所以你們就來到了大理？」

「是的。每年年底，我們都會做個儀式，與過去告別的儀式。」男人說。

「今年忽然有個想法，見到每個乞丐都給些錢，作佈施。積點德，也當成個儀式，跟過去的一年告別，不讓過去的痛苦綁架我們。」

「哇，這個告別儀式太有意思了！」學心理學的我，敬佩地說。

「對，跟過去告別，把不好的全都留在過去。」男人抽了口煙，長長地吐出去，「明年重新開始，讓往事都隨風吧！」

我被他感染，拿起酒杯，和他乾杯：「說得真好！相遇在大理，是緣分。為往事乾杯，讓往事都隨風吧！」

那年的最後一天，在大理，那位給了乞丐好多錢的兄弟，拿佈施當告別過去、迎接新年的儀式，說出了一個樸素的道理：讓往事都隨風。過去就過去了，人總要前行。

我很開心，在那一天，在大理，我遇到了那對佈施的夫婦。他們用這種方式，告別過去，不被之前的痛苦綁架，讓它們 Gone with the wind ！

你呢，你有要告別的事情嗎？

不妨搞個特別的告別儀式：它們已經影響了你的過去，從當下這一刻，徹底說再見，別再讓它們綁架你的未來和你一生的幸福。

讓往事都隨風，然後縫好傷口，勇敢前行！

# TITLE 如何做一個有意志力的人

英國詩人、劇作家王爾德説，我什麼都能抗拒，除了誘惑。

我在講《高效能人士的七個習慣》第二個習慣「以終為始」時，會讓學員寫出他們年初制訂的三個目標。

從學員的反應看，至少 80% 的人，年初並沒有對新的一年作出規劃，也就是沒有目標。

通常我會説沒關係，因為即使 1 月 1 日制訂了目標，絕大多數人，到了 2 月 1 日，已經把這些目標拋在腦後了。

缺乏毅力，或者説缺乏意志力（willpower），往往使我們半途而廢、無疾而終。

而意志力，對做成某事來説至關重要。心理學家曾做過問卷調查，讓人們説説自己最大的優點，他們往往會説自己誠信、善良、幽默、謙虛等，但很少有人説自己的優點是自制力強。研究者在問卷中列出了 20 個「性格優點」，在世界各地調查了幾千人，發現選擇「自制力強」的人最少。不過，當研究者問到「失敗原因」時，回答「缺乏自制力」的人最多。

我讀了兩本書，《自制力》和《意志力》，仔細研究了一下意志力這件事。自制力和意志力，對應的英文都是 willpower，所以這裡用意志力一併概括。

### 1. 意志力的定義

意志力就是控制自己的注意力、情緒和欲望的能力。說白話點，就是能不能管住自己，管住自己不做不想做的事情，堅持做想做事情的能力。

### 2. 意志力的特點

意志力是有限的，使用就會消耗。你從同一帳戶提取意志力用於各種不同任務。你一整天做的各種事情之間存在隱秘的聯繫，你提取意志力忍受擁擠的交通、煩人的同事、苛刻的上司、頑皮的孩子。花去了一部分意志力，剩下的就少了。

故我們建議，夫妻關係不和諧的人，不要透過加班來逃避和對方見面。在公司消耗了更多意志力，回家就更沒耐心心平氣和與對方溝通了。

### 3. 意志力的重要性

我總是在說：「成功很簡單，就只有兩步，第一步是開始，第二步是堅持。」

堅持靠什麼，就靠意志力。意志力也可以理解為：平衡當下快樂和未來收益的能力。如果缺乏意志力，不能控制當下的小誘惑，及時行樂，就透支了未來收益，享受不到更長遠的大成功了。

心理學上著名的「別急著吃棉花糖」說明，能夠自制，不吃第一塊棉花糖，等到第二塊棉花糖獎勵的孩子，長大後無論在事業上，還是在人際關係上，都要優於不能等待的孩子。**能夠延遲享樂，是成功的重要因素。**

### 4. 意志力是可以鍛鍊和加強

這對自認為缺乏意志力的人來說，是個好消息。如同跑步一樣，今天順著跑道跑了五圈，明天就可能跑六圈，日復一日，後來跑個十圈八圈輕鬆愉快。想增強意志力，先設定一些小目標，堅持完成，鍛鍊了意志力肌肉後，信心會更強，再挑戰更大的目標，循序漸進，成功的機率就更大。

我以前的同事希望做到連續三個月學習英語，我建議他先堅持兩週如何。兩週聽上去比三個月更容易實現，會減輕你的壓力。堅持兩週，再堅持兩週，再堅持一個月，連續幾次下來，加起來不就是三個月了嗎？

那要如何提升意志力？

結合上面提到的兩本書和自己的體驗，我認為意志力涉及的無非兩點：

第一，停止某些事，即戒掉壞習慣，如吸煙、吃垃圾食品、看電視、滑手機。

第二，開始某些事，即養成新習慣，如健身、看書、學英語、和家人多相處。

三招幫你戒掉壞習慣：

**1. 隔絕誘惑源**

吸煙的人，在家裡和辦公室徹底丟掉香煙；愛吃垃圾食物的，客廳茶几上杜絕任何垃圾食物；愛滑臉書的，在加班寫報告時，把手機轉飛航模式；愛血拼的購物狂，逛街的時候，不帶信用卡，只帶少許零錢……這些都是隔絕誘惑的方式。在那個特定時刻，犯了癮，如果找不到毒品，撐一下也就過去了。

我平時不吸煙，但寫東西時候，有時就是寫不出來，會抽兩口煙找找靈感。直到有一天我在微博上看到抽煙的危害，觸目驚心，就決定戒了，就把家裡僅有的兩盒煙扔進了垃圾桶。那一段時間寫東西不需要抽煙了，因為就算想抽也沒有。撐過去那股欲望，也就沒事了。很久不抽，也就不想抽了。

最近我已經決定從下週開始，每週三天下班把筆記型電腦留在公司，我不太用手機上網，沒電腦在身邊，上網的時間也可以適當減少。

**2. 循序漸進，轉移注意力**

如果一下子做不到戒掉某個壞習慣，可以一點點減少。從每天少抽一兩根煙，減少看電視的時間，一步一步來。在壞習慣侵襲時，用新習慣代替，轉移注意力。比如做運動，或看有內容的紀錄片來取代電視娛樂節目。

**3. 接納和審視你的欲望**

有的人會質疑第一招隔絕誘惑源，認為可能現在拒絕了，太過渴望和壓抑，再遇到誘惑時，反倒變本加厲一發不可收拾。

確實有這個可能，尤其還有「道德許可」作祟：「我這段時間控制得不錯啊，可以獎勵一下自己，今天放縱一下。」因此在這裡，戒掉壞習慣的第三招，是接納和審視你的欲望。

當心中有欲望升起的時候，不是抗拒，而是接納它。越抵抗、越壓抑，欲望越強烈。反倒承認它、接納它、審視它，會更容易馴服它。面對欲望，駕馭衝動，但不付諸行動，記住你真正重要的目標。

怎麼建立良好的新習慣：

### 1. 一次只建立一個習慣

我想一週運動三天，也想一週看一本書，還想學一種樂器，英語似乎也該提升。如果不能把新年的目標付諸行動，很多時候，是因為目標太多了，人們期望在生活上各方面都能改善。但如同前面所說的，我們是從同一帳戶提取意志力用於各種不同任務。目標太多，同時作戰，從體力到意志都疲憊不堪，結果往往一事無成。年度計畫裡，有三個主要目標就足夠了。

每天的工作，先把事情按輕重緩急排序，然後劃掉排在「3」之後的所有事情。一次一件事，你完全能夠應付，一次兩件事，你就捉襟見肘。慢慢來，生命終究要走到終點，所以沒必要急。不能一味前進，忽略了路過的風景，那樣的生活就沒了樂趣。

### 2. 加入志同道合的社群

意志力具有強烈的傳染性，你和一群不知疲倦的馬拉松選手一起跑步，他們會激發你的潛能，你會不好意思太早就棄械投降。

芝加哥警察局做過一個調查：一半的受訪者在第一次嫖妓時都不是單獨行動的，他們一般會跟自己的朋友或親戚一塊兒去。就像肥胖、吸煙和其他社會流行病一樣，你的社交網路裡的觀點和行為會像傳染病那樣傳播開來。

所以，想建立一個新習慣，最好是找到一個新的社群加入進去。這個群體可能是一個同好小組，一個本地俱樂部，一個網絡社區，甚至是一本支持你實現目標的書。

我一直主張大家慎重選擇關注的網紅，一定要關注那些能給你帶來正能量的，近朱者赤，近墨者黑，你的一生，很大程度上取決於你和誰在一起。環境太重要了，不想練吉他的時候，聽到樓下的孩子每天不成調地吹薩克斯風，我只好又開始調弦。置身於和你共同承諾與目標的人群當中，會讓你覺得自己的目標才是社會規範。

最近，我的幾個朋友在微信上發起了一個「早起活動」，已經有好多人加入，大家特別準時地一早起來打卡，激勵了我早起。這樣的團體真的很棒，在惰性來襲時，將我叫起來。一段時間下來，早起的習慣就養成了。

### 3. 運用想像力激勵自己

在考慮如何作出選擇的時候，我們經常想像自己是別人評估的對象。研究發現，這為人們自控提供了強大的精神支持。預想自己實現目標後（比如戒煙或跑完馬拉松）會非常自豪的人，更有可能堅持到底並獲得成功。

東北大學的心理學家大衛・德斯丹諾認為，與討論為了未來的收益應該放棄現在的舒適等理論比起來，自豪、羞愧等社會情感能更迅速、更直接地影響我們的選擇。所以，當你要做一件事時，可以充分運用想像力，想想堅持下來後，和別人談起時，該是多麼驕傲。

我曾經堅持游泳三年，每週兩次，每次游 2000 公尺，能堅持那麼久，那份和人談起時的成就感給了我莫大動力。

提升意志力最重要的兩招：

### 1. 找到那些「當下快樂」的事

我們往往會有這樣的感受，我當然知道鍛鍊身體有好處，但就是堅持不下來，鍛鍊兩次就放棄了。閱讀是好習慣，但常常看了一本我就看不下去了。

意志力是這樣一種東西，它會幫你為了未來的收穫和收益，硬著頭皮做現在不願意做的事。但，這意味著現在就得做苦行僧嗎？哈佛大學心理學教授，《幸福的方法》作者泰勒 · 薩哈爾說，幸福 = 當下快樂 + 未來收益。

這兩者有任何一方缺失，你都不會感覺幸福。所以，如果能找到未來有收益，同時當下也讓你快樂的事，就比較容易堅持了。因此，鍛鍊的方式很重要，如果運動這件事讓你在過程中就很開心，你堅持下來的可能性就更大。問問那些多年來能持續做一項運動的人，一定是運動的當下很享受。

任何方面的好習慣，身體的、心智的、精神的，都有很多實現方式，你需要做的是不斷探索，找到你喜歡做的，這有助於習慣的保持。

## 2. 公開你的目標給身邊的人

這招太厲害了，想建立什麼習慣，把這個事公佈給大家聽，你堅持下來的可能性立刻爆棚。

曾經有個女孩，體重怎麼也減不下來，後來她寫信給親朋好友，包括她喜歡的男孩，鄭重承諾要一年內減多少公斤。當然，她做到了。

我培訓時喜歡和學員吹牛，說我堅持聽英語已經七八年了。之所以能堅持這麼多年，和我總和學員說這個習慣有很大關係，已經說給大家了，當然得自律，得堅持。

最近，我在微博上發表「每日聽英語」的話題，每天把聽的內容分享一下，這個行為，又為這個習慣提供了莫大的動力。因為說出去了，就會有很多人關注，你就必須做到，不能丟自己的臉。

# TITLE 不要在該磨練年紀選擇安逸

有一天講完課，收到一個女同學的留言。

她說：「王老師，我現在工作非常鬱悶，您可以幫我想辦法嗎？我去年畢業，進了一所私立學校工作。當時成績是第一，可以選擇任何學校，聽說這所私立學校是全縣最好的，所以一股腦就進來了。」

「現在特別後悔當初的選擇。」

「第一，工作太忙了，壓力很大，又累。」

「第二，總要舉辦一些無聊、沒有意義、教授不願意辦的活動，何時能升遷呢？

「第三，我渴望的是開心又安定的生活。而現在完全實現不了，我該怎麼辦？」

考慮到她很急切，我就把微信帳號留給了她。

她當天就加了我微信，把上述內容又說了一遍。那幾天特別忙，我在一個午餐的時間，用語音回覆她。

我的回覆是：

### 1. 選擇了就要承擔後果

你覺得壓力大很累，這很正常。你選擇最好的私立學校，就意味著工作忙，不能打混摸魚。一切都很輕鬆，又怎麼能成為最好的學校呢？

選擇，就意味著要承擔相應的後果。「錢多、事少、離家近」是很多上班族的追求。但一般來說，這是矛盾的，錢多，事情怎麼可能少呢？事情少，錢怎麼會多呢？

## 2. 職場遵循先耕耘後收穫法則

農村出身的孩子，都懂這個道理。秋天是收穫的季節，碩果累累，糧食滿倉，喜悦祥和。而收穫的前提是，春天你要播下種子，夏天就要辛勤耕耘。這就是收穫法則，是自然規律，誰也逃不脱。

所以，你舉辦那些無聊、沒意義的活動，做那些無關緊要的工作很正常。作為職場菜鳥，你不做誰做呢？等來了比你更菜的新人，你就不用做了。

曾經有個朋友，在微博上發牢騷説：「我恨死了論資排輩。」

我回覆説：「當你年輕時，你可能會恨論資排輩。當你年老時，你會愛上它。」

那有沒有可能，跳脱出論資排輩的框框呢？也不是不可能。

有一次在深圳大學演講，結束時有個男生提問：「老師，我怎麼才能成為像你一樣成功的培訓師？」我回答道：「首先，不要成為我，做你自己就好。其次，如果你想成為一名很好的培訓師，需要付出 10 年的時間。」

男生說：「啊，要那麼久？」

我說：「是的。聽說過 10000 小時天才理論嗎？」

**要想在任何領域成為專家，一般需要花費 10000 個小時。怎麼計算呢？平均每天在這件事情上花 3 個小時，一年 365 天，大約 1000 小時。那 10000 小時呢，就是大約 10 年。**

坐過飛機的朋友都知道，接收到塔臺的指揮，飛機慢慢滑上跑道。一般在跑道上都要排一下隊，待前面的飛機起飛，接到指令後，開始加速，引擎劇烈轟鳴，到達一定速度，拉起機頭，沖上雲霄。

這像極了我們的人生。前面的付出，滑上跑道、排隊、加速，都是在醞釀，為最後的翱翔做必要的準備。這是規則，是自然法則。

而現在的很多年輕人，不想坐民航客機，想坐直升機。不想經歷準備的過程，就拔地而起，一飛沖天。這可能嗎？

也是有可能，但三個條件，必須具備其一。

你要麼有過人的才智，可以製造直升機；要麼家裡很有錢，幫你造好了直升機；要不，就是有人願意出錢，帶你去坐直升機。

這三個條件都沒有？只好老老實實去累積、去醞釀，去坐你的民航客機吧。

## 3. 年輕就該磨練，走出舒適圈

年輕時就該多磨練。你剛畢業一年多，要求什麼安穩安定？

人的生涯，大致可以分為三個階段：生存期、發展期、夢想期。

生存期的要務是學習和嘗試，發展期要聚焦和加速，夢想期是開拓和追求。你明顯屬於生存期，請不要在這個階段就追求安定。

我在生涯的三階段後面加了一個階段，那個階段才叫安定期。我女兒的舅舅，靠自己半輩子的工資，在北京和天津的交界——武清，買了個小別墅。花了一個週末，在院子門口砌了個小菜園，又花一個週末，自己裝飾了露臺。這就叫安定的日子。

臉書 Facebook 的創始人祖克伯，看透名利，樂於公益捐款，這也叫安定安穩。

而對於二十多歲的年輕人，正是該奮鬥，該磨練，該闖蕩的年齡，追求什麼安定？

當我們老了，頭發白了，走不動了，回憶裡會浮現什麼？

年輕時不磨練，沒有精彩的故事，老了靠什麼回憶呢？

年輕人，去奮鬥、去磨練、去闖蕩吧。希望老去的某一天午後，在公園的長椅上，幾近癡呆的我們，回憶起往事，嘴角會泛起笑意。

TITLE

# 生活不是只有當下，還有更重要的未來

2016 年冬天某一個晚上，上海一個兄弟問我：「我剛剛換了工作，到一家公司做生產管理。這兩天接到獵人頭電話，推薦給我兩個職位，都是工程師。你說我該不該跳槽？」

我回覆：「你之前是工程師，剛轉型做生產管理。怎麼又對工程師的職位產生了興趣？考慮的原因到底在哪？」

兄弟說：「都是錢惹的禍啊。我現在這個生產的職位，每個月薪水是 6 萬元。而獵人頭推薦的兩個工程師職位，都能給到 8 萬～ 10 萬元，我就開始動搖了。」

我回覆：「人的生涯，一般可以分為生存期、職業發展期和夢想期三個階段。生存期的基本溫飽問題解決之後，錢就不適於作為選擇的核心因素。」

兄弟說：「大哥，你說的我懂。但是從 6 萬元到 10 萬元，對我們工作四、五年的人來說，已經夠有誘惑力了。你說錢不適於作為選擇的核心因素，那什麼才是核心因素？」

我回覆：「思考一個問題：你現在的職位——生產管理，如果做得成功，下一步可以提升到的職位是什麼，那個職位每天都在做什麼工作；獵人頭推薦的職位——工程師，如果發展得好，下一步可以提升到的職位是什麼，那個職位每天都在做什麼。這樣的話，你能得到至少兩幅職場畫面，然後想想，你更喜歡哪個。」

第二天，這位上海兄弟發來微信：「大哥，我想清楚了，我還是繼續做現在的生產管理。我以後想當生產經理，在現場帶著下屬們熱血地完成生產任務。而不是成為高級工程師，憋在實驗室和辦公桌上，賣命付出，熬夜加班，掉光頭髮。」

我回覆：「就是這麼簡單。生命是一條時間線，線上有過去、現在和未來。現在面對糾結，不妨想像一下你的決定會給未來帶來什麼結果，未來的畫面會反過來幫你做出當下抉擇。」

就在上週，他又傳訊息來，附了封公司人資的郵件。半年多，這傢伙已經被晉升為生產主管了！職場如此，情場亦然。

一個女讀者傳給我一段很長的微信：「老師，我非常困惑。我有一個從小一起長大的閨蜜，我倆的家庭都很普通。上大學時，她就曾和一個年齡很大但挺有錢的男人談戀愛。最近，她又和一個 38 歲、更有錢的已婚男人在一起。她現在的日子，過得挺快樂的，她說就和那個男人談戀愛，不會結婚，這輩子她也不想結婚。老師你說我閨蜜怎麼會這樣想？她是小三嗎？她的價值觀對嗎？」

「難道普通大學畢業出身普通的女孩，靠有錢人才能過想過的日子嗎？我勸過她很多次，她也不聽，反過來笑我觀念太老土。我過著正常的生活，工作普通，賺得也不多，有一個念研究所的男朋友。他年輕，個性好，但我們只能一步步打拼，生活很艱辛。我閨蜜總笑我觀念太保守，我們關係也越來越疏遠。老師，我很困惑，我們到底誰對誰錯，我該怎麼辦？」

我回覆說：「可以給你兩點參考。第一，你們不必相互勸說，大家都有權利過自己想要的生活，只要能夠承擔相應的後果。現今社會，價值觀趨向多元，無法非黑即白地簡單判斷誰對誰錯。價值觀相差太大，無法融合，那就分道揚鑣。價值觀不同，但能夠相互尊重，那依然可以愉快地一起玩耍。」

「第二，你可以想像一下，按照各自的選擇，十年之後，你閨蜜在過什麼樣的日子，她的一天是什麼樣子；十年後，你的收穫是什麼，你在過怎樣的生活。兩幅畫面，你喜歡哪個？」

後來這個讀者傳微信給我：「老師，我不再困惑了，堅定了自己的選擇，和男朋友一起打拼。雖然看不清十年後，我會是什麼樣子，過什麼樣的生活。但是我知道，未來的我不想被人說是破壞別人家庭的小三，謝謝老師點醒我。」

其實，點醒她的不是我；幫助上海兄弟作出決定的，也不是我。而是關於未來的想像是畫面。面對紛擾世界中的各種選擇，心中有定見那很好，會讓你毫不糾結，瞬間作出判斷。

如果對某些事物還在動搖，不妨想像一下未來的場景，讓那幅畫面，幫當下的你作選擇。

**生活不是只有活在當下，還有更多的意義。站在未來回頭望，選擇好你要過的日子，才能通往你要去的遠方。**

TITLE

# 準備建立你的職場專業了嗎？

到臺灣出差結束，我在飯店訂了車出發去桃園機場。司機五十來歲，穿著深藍色西裝，戴著白藍色帽子和白色手套，顯得很專業。

他接過我的行李放在後車廂，然後坐進駕駛座，摘下帽子，隨手扔在前面，發動了車子。動作裡沒有常見的禮貌謙和，透著些許不耐煩。

車子駛穩，我們開始聊天。經過攀談瞭解到，他的不耐煩，源於對工作的不滿意。他說：「要不是沒辦法，誰想這麼大歲數還來做這工作。」

我問：「那您以前是做什麼的？」

他開始滔滔不絕講述當年的故事：當兵回來後，做過射擊教練，做過卡車試車員，曾經到過大陸某個山區，幫某車廠的卡車測試輪胎，開著車跑山路，看多久會爆胎；還玩過水上飛機，設計的小飛機是當時臺灣水準最高的；也和朋友做過幾次生意，有賺有賠。

「那怎麼會做司機？」我問。

他拍打著方向盤感慨：「唉，年輕時不懂事，興趣廣泛，沒定性，這個也好，那個也喜歡，最後沒一個有明顯成就。」

他落寞地說著，「當年一起當射擊教練的，如今在帶臺灣隊；一起玩水上飛機的，成了這個領域的專家；一起做生意的，已經在大陸蓋了好幾個工廠。」

「我自己卻一事無成，就在基隆老家剩下個倉庫，裡面塞著兩架小飛機，時間久了早已鏽成了廢銅爛鐵。這些年一直無所事事，現在老父親快八十歲了需要人養，自己也五十來歲，老無所依，只能出來工作。」

作為職業規劃師，我十分理解他的處境。在生涯發展裡，每個階段都有不同的核心任務和核心角色，上一個階段的任務沒有完成，角色沒有扮演好，必然影響下一階段的生活。

這個司機，度過探索期太久，始終沒有清晰的職業定位，根本沒有進入建立期。同樣的年齡，別人只要維持自己的工作就好，而他始終沒搞清楚該做什麼，沒有自己的專長。上一階段欠的債，下一階段總要還。

第二個故事有關一個女孩，二十七、八歲，做行政工作。她喜歡自由自在的生活，工作一段時間存點錢便辭職，拎起背包旅行去。旅行膩了，再回來找行政類的工作，工作一陣子再辭職去旅行，自我而瀟灑。有一次閒聊，職業規劃師問她：「30 歲之後，你想過怎樣生活？」她現在還年輕，很容易找一份行政的工作。

而行政是一份專業性很弱的工作，剛畢業的學生都能從事，等她過了三十歲，恐怕很難跟稚嫩的年輕人競爭。即使她得到了，行政職位的待遇，或許也滿足不了她那時的生活需求。她受到影響，開始思考後面的人生。在她的年齡，正是該探索和建立自己專業的階段，這個階段的任務完成不好，必將影響以後的生活。

「人的一生，要有一場轟轟烈烈的愛情和一次說走就走的旅行。」很多人被這句瀟灑而不負責任的話害了。

首先，絕大多數愛情都不會轟轟烈烈。其次，旅行可以說走就走，但注意這句話裡說的是「一次」，而不是多次、不是隨時。背包客最佳的狀態，是透過旅行建立自己的職業和謀生能力，比如替雜誌寫專欄、拍照片，或給其他旅行者當導遊。否則，將荒廢建立專業能力的時光，把歲月蹉跎在風景裡。

人的生涯是連續的，這段過於瀟灑，下段就得付出更多。出來混，總是要還的。工作，實質是一種交換關係，我們付出專業能力，為企業創造價值，企業支付相對的薪水和待遇。要想過得比較好，我們就得讓自己更專業。

所以，在企業裡做行政的、做助理，轉去人資部會更好，因為跟行政和助理相比，人資是更專業的工作。

而打工的，做保安和建築工人，就不如去做裝修，做廚師，因為後者更專業，隨著經驗的累積，未來前景更美好。

你得有一樣拿得出手的本事，專業又不容易被代替。

未來的專業人士像隨身碟一樣，自帶專業資訊，不用裝新系統，隨插隨時能運用，快速上手。

　　隨身碟化模式不受行業，不受公司的限制，實際上說的就是「專業主義」。在職場生存專業最重要，而你的專業是什麼？

○
●
○
○

# TITLE 成就年薪2百萬是白日夢？

有一天，我遇到了諮詢者小晴，小晴長得挺好看。簡單寒暄過後，我問道：「您好，我們有一個小時的時間，今天你要談什麼話題呢？」

小晴說：「老師，我想和你談談十年理想，我想在十年內，達到年薪2百萬。今天就想和你聊聊，怎麼才能做到。」

聽到這狂野的目標，我哈哈笑道：「老師也沒有年薪2百萬，你確定我能在這個話題上幫到你嗎？」

「您是著名諮詢師啊，我相信您。」小晴在電話那頭赤裸裸地拍馬屁。

「好吧，我們試試看。」我笑著說道，「那今天談話的目標，就定為找到實現十年內年薪2百萬的方法？」

小晴確認說：「是的，我就想談這個。最近，我研究了生命數字，我的生命數是7，代表智慧。我覺得自己挺聰明的，不想浪費了天賦，可以做點事情。」

在本子上記錄下諮詢目標後，我說：「小晴，我想瞭解一下你目前的工作狀況。你現在做哪行，工作性質如何？」

小晴答道：「老師，我在一家保險公司工作，在這裡工作了八年，剛剛由外勤轉為內勤督導，負責培訓企劃。」

「哦，瞭解。你目前的薪水如何？」我接著問道。

小晴說：「我現在每個月是4萬5千元，加上年終獎金，一年 70 萬元左右。」

一年 70 萬元，十年內想達到年薪 2 百萬，我在腦海裡簡單算了下，差距不小啊。「根據現在的情況，想在十年內每年賺到 2 百萬元，這個目標現實嗎？」我單刀直入。

電話那頭兒的小晴思考了一會兒，略有猶豫地說：「有難度，不過也有可能。我們是保險公司，如果做得好，收入增長會蠻快的。」

「好的。那你要完成怎樣的業績，或者要達到什麼級別，可以實現這個收入？」我問道。

「我覺得吧，如果能做到分公司的部門協理，應該年薪會達到百萬。」小晴說。

我繼續問：「你現在的職位，是培訓企劃，距離分公司的部門負責人，有幾層的差距？」

小晴倒是很熟悉組織架構：「我上面是課長，再往上是經理，再往上就是分公司協理。我距離那個位置，有三級吧。」

「那我有點兒好奇。」我用筆輕輕敲打著本子，問小晴，「十年時間，你有可能升到那個位置嗎？」

小晴斬釘截鐵地說：「有可能，如果業績好，我們的晉升比較快。」

「好的，小晴。總結一下，如果想十年內年薪 2 百萬，就要晉升到分公司部門協理的位置？」我邊記錄邊說。

「是的。」小晴認可。

「那下一步，你要實現的，是成為課長？」

「對的。我們公司的課長，一般都是從培訓企劃晉升上去的。」小晴說。

我追問道：「就你的觀察，課長的核心工作有哪些？」

小晴邊思考邊回答，一共總結出三點：「一是保持團隊穩定，完成任務；二是暢通升遷管道關係；三是培訓，要做課長，講課能力很重要。」

「對比這三項核心工作，你的差距在哪裡？」

「第一第二項我都沒問題，做了八年多外勤，都鍛鍊出來了。」

小晴說，「就差培訓了！我一想到要講課就害怕，非常想成為您這樣的培訓大師。」

我笑道：「假以時日，多加練習，你一定可以辦到的。那麼，講課是成為課長必要的因素？」

「那是相當重要啊！」小晴以喜劇式的口吻回答。

「那怎麼提升講課能力呢？」我進一步往行動計畫方面聚焦。

小晴說下個月她就要幫80名業務員培訓。

經過討論，我們制定了兩個行動方案，第一，反覆聽小晴同事的講課錄音檔；第二，使用簡報，正式講課前，進行兩次小範圍試講。

諮詢結束，我問小晴：「咱們達成談話前制訂的目標——找到實現十年內年薪2百萬的方法了嗎？」

小晴如釋重負說：「我很清楚發展方向了，而且知道了當下該如何行動。以前模模糊糊知道自己要什麼，但卻不知道如何下手，十分焦慮。」

職業規劃就是這樣三件事情：**第一，診斷現狀，即你在哪裡；第二，探索方向，即你要去哪裡；第三，選擇路徑，即怎麼去的方法。**

不光是生涯規劃，這也是剝掉迷惑的外衣後，所有事情的本質。仔細思考下，所有欲求的本質，無外乎你在哪裡，你要去哪裡，你要怎麼去。

即你有什麼，你要什麼，你需要做什麼。世間萬事，無一例外。討論結尾，我問她：「小晴，等你年薪 2 百萬，請我吃飯如何？」

TITLE

# 成長就是<br>不斷地突破舒適圈

春節的時候，和我的叔叔一起吃飯。這個叔叔是我父親那輩最有出息的，年紀輕輕時就在河南一家企業裡做到了主任。

好景不長，20 世紀 90 年代末期，工廠的效益日益黯淡。許多人都離開了工廠，到外面闖蕩。幾年光景，有些人已經在外面開了自己的工廠，混得人模人樣。他們回來找我叔叔，說：「你懂管理，技術又好，跟我們出來一起發展吧。」

而叔叔當時沒下決心，只好就在日漸蕭條的工廠裡繼續熬著。到了 2007 年，工廠決定要收了，他才終於跳出來。可這時年歲已大，市場上不再有任他發揮和馳騁的舞臺。邊喝酒，叔叔邊感慨：「你說那些人，論技術、論管理，都不如我啊。當時就是缺乏魄力，要是早些出來就好了。」

寫到這裡，又想起前些日子輔導過的一個女孩。她在「前四大」的一家會計師事務所工作，做培訓專員。七年下來，覺得這個崗位只是打打雜，在這裡沒有發展機會，所以決定跳槽。我對這個女孩子印象很好，她各方面素質都不錯，現在也成功換到了另一家公司。

一向積極正向鼓勵人的我，沒有和她分享我的遺憾。她如果多用心，應該不用七年，早就該覺悟到這個崗位學不到東西。這七年如果能好好利用，她的發展應該比現在更好。當然，現在開始，永遠不嫌晚。

上述二個例子普遍缺乏危機意識，享受著這些福利，待在「舒適區域」裡捨不得出來。等到外界環境變化迫使其不得不改變，或者內心終於覺醒時，好機遇、好時光，已經不復存在。

在根據暢銷書籍《誰偷走了我的乳酪》改編的課程《變革管理》裡，提到了一個「改變模型」，他們應該就是在「現狀區」待太久了，如圖 2-6。

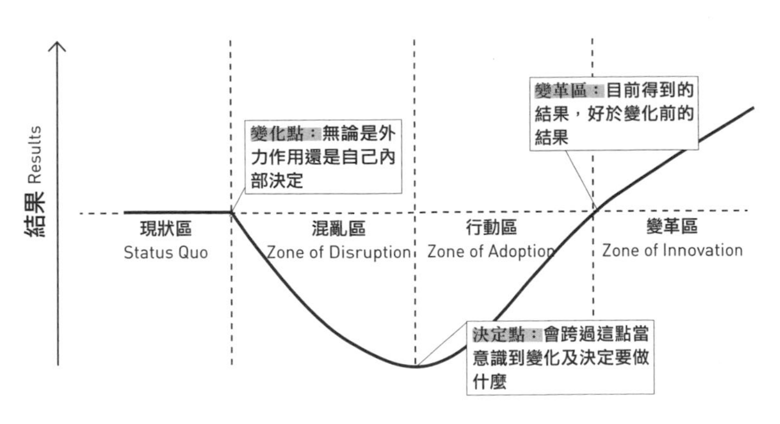


圖 2-6　變革模型

這個模型橫向表示時間，縱向表示改變（Change）帶來的影響（結果），它詮釋了公司或個人面對改變所要經歷的過程。

「現狀區」表示變化還沒有發生。實際上，這個區域持續時間越長，變化發生時你越驚訝，這個變化對你也更挑戰。

「混亂區」是指你受到新變化的衝擊。所有變化都會帶來混亂，比如耗費時間，成本增加等等，變化越大，衝擊越大。這個區域會一直持續，除非你作出決定來面對這個變化。

「行動區」表示你作出決定，適應新變化的要求、開始、繼續或停止做某些事情。

「變革區」表示你開始從變化裡受益。到這個區域時，你已經掌控和利用了變化，所得到的結果比變化前還要好。

四個區域的時間長短，曲線的形狀會因變化的具體情況而不同。這個模型可以幫你診斷你在哪兒，接下來應該做什麼。

五年前，我前公司的法國母公司，購併了武漢某鍋爐廠。公司將該廠的全部中高層拉到北京，我和另一個同事幫他們講授集團的文化和價值觀。我們講完價值觀，其中兩個四、五十歲的經理當場質疑：「我們原來的公司，也有自己的價值觀，為什麼要學法國公司的價值觀？」

我們能理解處於「混亂區」的他們的心情，但同時很替他們擔憂。你是被人家收購啊，不是你收購人家，大勢所趨，這個改變你根本抗拒不了。最佳路徑，是調適心態，迅速進入「行動區」。越早行動的人，越早進入「變革區」，越早享受變化帶來的益處，也越可能成為領導者。

那麼，這個「改變模型」對我們的職業生涯有何借鑒意義呢？

我希望那些處於「現狀區」的朋友，稍微用點心，一定要保持警覺，時時進步不斷提升。唯有如此，變化來臨時，才不至於亂了陣腳。

三項建議如下：

**自我審視：**我很喜歡這句話，如果你今年，還在用同樣的方式，做著同樣的事情，那你今年就白過了。所以要常常自我反省：今年我的工作內容，有變化嗎？同樣的工作，有沒有更好的方式來完成，能不能做得更好？

**主動規劃：**職業生涯，切忌被動。沒有幾個主管，會有積極培訓屬下的意識。自己多用心，看看這一年想往哪個領域拓展，然後拼命往那個方向努力。我曾經大言不慚地創造了「鵬程兩問」，不妨再次分享給大家：

第一，接下來的三個月，工作方面，我要做哪些改進呢？可以從豐富知識、學習技能、解決問題等角度考慮回答。

第二，接下來的三個月，生活領域方面，我要做哪些提升呢？可以從身體、心智、精神、社交情感四個角度考慮回答。

**專業主義：**職場人士得要有一樣厲害的本事，這也是大前研一所謂的「專業主義」。我們可以問問自己：如果這家公司倒閉了，我可以憑什麼本事到外面混飯吃？怎麼能夠做到「此處不留爺，自有留爺處；處處不留爺，爺當個體戶」呢？

一個小女孩面對沙灘上的父母，背對大海玩耍。一個浪頭打來，女孩摔倒了。女孩爬起來轉過頭，觀察著大海的動靜。等下一個浪頭打來時，她隨著海水輕盈地跳起來，穩穩地站住。

變化也是這樣，如果你在「現狀區」和所謂的「舒適區域」裡待久了，察覺不到變化的發生，它就會將你打倒，讓你在職場「安樂死」。如果你能夠預見變化，就可以更好地隨變化而動。

而我的建議是，做到以上三點，你可以主動出擊，成為那個領導，即引領變化的人。不待外界變化來臨，你已經主動華麗轉身。

**我們不能完全主宰命運，但可以試著讓命運朝我們希望的方向發展。預測未來的最好方式，就是創造未來。**

職業生涯，絕對不能坐吃山空，最後分享甘地那句話：Be the change you want to see in the world ！（欲變世界，先變其身！）

# TITLE 戰勝自己，才能擁抱未來

2011 年的第一場雪，比以往來得要晚一些。大雪紛飛，我滯留在北京首都機場。正無聊地翻書，電話響起，是前公司的同事小王打來。

當年在那家世界 500 強公司共事時，我曾經是小王的主管。小王說：「Winter（我的英文名字），有時間嗎，我能問你個問題嗎？」

我說：「下雨天陪孩子，閒著也是閒著，你說吧，什麼事？」

小王說：「我聽說，當年你在公司被提升為經理的時候，是我們公司史上最年輕的經理人。我想知道，當年你多大？」

我心下得意，故意賣關子：「你不覺得問一個人的年齡，不禮貌嗎？」

小王大笑：「你一個大男人，有什麼不禮貌的。」

我搜索一下記憶，告訴了他當時的年紀。

小王嘿嘿笑著說：「我跟你分享一件事，昨天我被提升為經理了，我比你當年還年輕耶！」

我這火爆脾氣立刻上來了：「那你跟我說這個，是讓我高興呢，還是讓我難過呢？」

小王故意氣我：「你高興還是難過，我不在乎啊，反正我很高興！」

確實，我高興還是難過不是重點。重點是，他是怎麼做到的？

小王大學畢業進入我們公司，僅僅用了五年時間就晉升為世界 500 強的經理人。他成功的秘訣是什麼？當年作為他的主管，我也很年輕，沒什麼經驗和他分享。

但根據我的切身體驗，我給過他一個建議：每年元旦，制訂新一年的三大目標。目標可以包括工作上怎麼提升，比如學哪些知識或技能；可以包括個人怎麼成長，比如學個專業技能；也可以包括家庭計畫，存多少錢，買不買房，要不要孩子。

你知道目標的力量有多大嗎？他每年都搞定幾個目標，不斷精進，五年下來，就成長為專業經理人了，遠遠地把同一批進公司的三十幾個同梯，甩在了身後！

2015 年春節，小王又給我打電話：「我能問你個問題嗎？」

我毫不客氣：「滾！我沒時間理你，沒時間回答你問題，不想再受打擊。」

小王趕緊安慰我：「別這樣啦，大哥，不打擊你了。我只想問你，你有時間嗎？想請你吃個飯。」

我長呼一口氣：「這還差不多。」

那天，我們約在一家西餐廳，小王點了個雙人套餐。

等餐的時候，他打開了筆記型電腦。吃飯，這傢伙還帶著電腦來！他打開電腦，給我看了一份簡報，上面是他直到 2025 年的職業規劃圖！

2015 年春節，他給我看的是 2025 年的職業目標，他計畫成為一家小型企業的總經理。而在那之前，他規劃好了每一步，何時成為總監，何時成為副總。

這個職業規劃讓我感覺很震撼，小王是這麼多年我見過最有進取心的孩子！我相信他一定會成功，即使 2025 年，他當不上總經理，也一定能成為公司不可或缺的人才。身為他曾經的主管，我很自豪。

我做培訓、研究員工作已經十五年，有個深刻的體會：培訓的所有理論和工具，不是對普羅大眾的研究，聚焦的都是優秀的人怎麼做。把這些研究整合為概念和工具，推廣給所有人。優秀的人是標杆、是旗幟、是先烈，我們只需要借鑒、模仿和超越。而成功，絕非偶然，成功就是逐步地實現那些有價值的個人目標。

就像優秀的小王每年做的那樣，如果你也想不斷進步，在職場上脫穎而出，不妨考慮把下面建議列入你的計畫。

### 1. 職位轉換

我的主業一直是培訓。但這麼多年來，除了關乎保密的薪資，其他諸如招聘、員工關係、溝通等人資相關主題我都做過。如果不是最後選擇專注於培訓，我應該可以成為一名不錯的人力資源總監。

如果短時間沒法升遷，你可以考慮橫向拓展，這是職場成長最有力的加速器。

那個打擊我自尊心的小王，在他的 2025 年職場路徑圖裡，畫滿了這類橫向拓展，這都是為最後的終極目標做準備。

### 2. 找一個能引導你的人

師者，傳道授業解惑也。找一個你們公司，或者朋友圈裡，個性與工作能力都很優秀的人，請他（她）給予建議。讀萬卷書，不如行萬裡路。行萬裡路，不如閱人無數。閱人無數，不如仙人指路。

經常有年輕人和我說：「老師，我根本不知道自己要什麼，該做什麼。」其實有個簡單的辦法，可以為你提供方向。環顧周圍，找到和你做類似工作的厲害前輩，他做啥你就做啥。先模仿，然後再超越。

這就像我們培訓師不生產智慧，我們只是人類智慧的搬運工。搬運了十五年，拷貝、模仿和借鑒。當我開發課程的時候，就能超越很多古聖先賢。

### 3. 不停止學習

21 世紀，網路 + 新時代，什麼是職場最重要的思維？就是成長思維。簡單說，就是保持學習和成長的習慣，一輩子不斷學習。在完成日常工作的基礎上，一定要尋找一些領域，不斷提升自我。可以是英語，可以是電腦軟體，可以是演講技巧；也可以去讀在職研究所，參加職業技能培訓，或者考個證書。

總之不能固步自封原地踏步。關於成長，我能給的，最重要的建議，就是找到心中所愛，做你自己。

不是人家要做總經理，你就一定把目標定為職場升遷；不是人家要學心理學，你就一定要考個二級諮詢師證書；不是人家要跑馬拉松，你就一定跟隨去買套裝備。

一個成熟的人，是孤獨的、不合群的、不隨大眾的。他們有自己的主見和主張，不會人云亦云，堅守自己的立場和夢想。

正如剛剛完成火箭發射和回收的 SpaceX 公司的 CEO 馬斯克一樣。他致力於建造特拉斯電動汽車，比飛機還快的高鐵，還要在火星上退休。獨樹一幟，追求自我，這才是獨立和自由的人格。

**一個人，如果現在不活在未來，未來就會活在過去。你要為自己的未來，做些什麼？**

TITLE

# 向前一步，滾動你人生的雪球

上週參加《InsideOutCoaching（由內而外的教練模式）》培訓，深入學習了 GROW 教練模型。昨晚透過語音給網友小金做了一次訓練，發現這個模型超級好用！

GROW 是解決問題的思維方式和流程技巧，交流時我們先確定對方要達成的 Goal（目標），接著瞭解 Reality（現狀），之後探討 Options（方案），最後確定 WayForward（執行計畫）。

經過小金同意，把這次教練過程分享出來。大家可以看看 GROW 模型的威力，它幾乎可以用來解決一切問題。

## 1.GROW 之 G（Goal），目標

我：「今天你要討論什麼話題？」

金：「我現在對就業定位很迷茫，想確定自己到底喜歡哪個領域。我是做財務的，最近對就業諮詢很感興趣，不知道該如何選擇。」

我：「透過這次談話，你想達到什麼目的？」

金：「我想定位自己喜歡的領域，也就是說要不要去做

就業諮詢，下一步該怎麼行動。」

**2.GROW之R（Reality），現狀**

我：「聊聊你現在的工作情況。」

金：「我畢業兩年多，在一家上市公司做財務。在月底月初很忙的時候和月中比較空的時候，我都會困惑，不知道財務適合不適合自己。大學時讀過一些諮詢方面的書，對諮詢很感興趣。」

我：「你的老闆對你評價如何？你對現在這份工作的滿意度怎樣？」

金：「我們科長應該挺欣賞我的，部門裡我也是加薪次數最多的。但是財務是個重複性很強的工作，喜歡安穩的人比較適合，我不太喜歡。」

我：「那你是怎麼對就業諮詢產生興趣的？」

金：「大學就讀過這方面的書。我一直有個想法，想要在學生報考學校的時候，幫助他們做評估和指導，這樣可以避免他們誤入不喜歡的專業，這是我一直以來的想法。」

**3.GROW之O（Options），方案**

我：「我已經大致瞭解了你的狀況，你做財務，而對就業諮詢很感興趣，想去做。目前，你自己的想法是什麼？有哪些執行方案？」

金：「我想，第一是放棄財務的工作，去找諮詢類的工作。但不太知道需要多長時間。」

我：「還有呢？」

金：「還有，就是一邊做財務，一邊去參加就業諮詢的培訓，業餘時間去學自己想要的。」

我：「還有呢？」

金：「還有，我不知道啊，我不知道自己適合不適合做諮詢這個工作。」

我：「還有呢？」

金：「沒有了。」

我：「好。談到第一個方案，放棄財務做諮詢，你提到一句話『不太知道需要多長時間』，這個多長時間指的是什麼？」

金：「指的是我得花多長時間接受培訓、學習相關知識，然後才能開始這方面的工作。」

我：「我的理解，是要花多久，才能拿諮詢當飯碗，對嗎？」

金：「對的，對的。」

我：「第二個方案，一邊做財務，一邊學諮詢，你的時間允許嗎？」

金：「我的時間很空，下班就沒事了。而且月中也不忙，可以去參加培訓什麼的。」

我：「第三個想法，不算方案，你不知道適合不適合諮詢這個工作，那麼你來告訴我，你怎麼才能知道自己適合不適合這個工作呢？」

金：「那只有先學習和瞭解一下，才知道適合不適合了。」

我：「所以，你無論選第一還是第二方案，都可以解決這個適合不適合的問題，對吧？」

金：「對的。」

我：「那說了這麼多，你會選擇哪個方案呢？」

金：「那當然選第二方案了，邊做財務，邊學習諮詢知識。」

我：「要不要聽聽我的建議？」

金：「好啊。」

我：「你可以邊做財務，邊參加一個就業諮詢方面的培訓。」

「第一，培訓時會教些評估的工具，這些工具會有助於你增強自我瞭解，看看適合不適合做諮詢工作。第二，上課時你也可以跟老師瞭解一下，進入這個行業，得學習多長時間，多久之後才能拿這個當飯碗。」

金：「對啊，這樣解決我全部的困惑了。我跨出第一步，後面的情況就明瞭了。」

## 4.GROW 之 W（Way Forward），執行計畫

我：「那下一步，你要做什麼？」

金：「我想先參加一個培訓，不過我們當地沒有這方面的培訓。」

我：「北京、上海、廣州會多一些。現在高鐵這麼方便，對你不是問題吧？」

金：「對的，我可以去參加。」

我：「好了，因為我們是免費諮詢，所以執行計畫這塊，我不想花時間和你討論了。你自己知道如何做吧？」

金：「我知道了，謝謝王老師。」

結束的時候，我開玩笑說：「小金，其實你完全知道自己該做什麼，也很清楚哪個選項最佳，幹嘛還來浪費我的時間？這麼簡單的案例，我做完一點兒成就感也沒有！」

小金說：「是啊，王老師，說著說著我也發現了，其實我很清楚自己該做什麼。我一直以來就這樣，心裡很清楚該怎麼做，但還是要別人，像是您來認可和肯定一下，我才有動力和勇氣往前走。」

**獲得成功最大的障礙，不是「不知道該做什麼」，而是「不做我們該做的那些事」。**

你知道有件事只有和老闆好好談談才能解決，你也知道

增加上臺表現的次數會幫你的職場加分，你還知道加入某個專案計畫有助於提升能力，可是，你就是不去做。這是為什麼呢？

阿倫・費恩（Alan Fine）在《InsideOut Coaching》培訓裡提到一個表現公式，可以回答這個問題。他認為Performance=Capacity-Interference，即表現＝能力－干擾。也就是說，一個人如果想有良好的表現，提升能力當然很重要，而更重要的，是減少干擾。

干擾分外部干擾和內部干擾兩種。外部干擾指環境因素，如經濟蕭條、市場波動、組織機構變化等。內部干擾來自我們自身，如害怕、自我懷疑、焦慮、不自信、消極、或抗拒變化等。

我大推這個公式！絕大多數時候，我們不是沒有能力做好，而是內部干擾太多，阻礙了能力最大限度發揮。所以，我們要做的，往往不是提升能力，而是減少干擾。

最簡單的辦法，那就是邁出第一步。**成功很簡單，只需要兩步，第一步是開始，第二步是堅持。**

再完美的想法，邁不出第一步，也是空談。

人生就像滾雪球，開始時候，最費力。當它滾動起來，憑著慣性，就自己向前了。

最初，雪球很小，但只要滾動起來，就會沾上更多的雪，越來越大，越來越大。滾動過程中，雪球被石頭擋一下，被樹木擋一下，可能會偏離原來的路線，但反而會看到不一樣的風景。

最要命的，就是讓雪球停在原地。它不但不會變大，隨著陽光的照射，還會越來越小，越來越小，直到化為烏有。

臉書首席運營長（COO）雪柔 · 桑德伯格 2011 年在巴納德女子學院演講時說道：「**別讓恐懼淹沒欲望，你所面對的障礙來自外部，而不是你的內心深處。**」

你現在最想做的是什麼？邁出第一步，滾動你人生的雪球吧！

第三課

# 社交時代，別獨自用餐

THIRD LESSON

# TITLE 做人比做事更重要

職場幸福四要素（如 P.014 圖 1-1）的左邊，是「人際關係」，是我們和他人的關係。

在職場，薪水低、發展空間受限和惡劣的人際關係，是員工離職的三大原因。人際關係不和諧，在職場不可能幸福。

那麼，職場包括哪些類型人際關係呢？

## 1. 組職關係

這種關係主要圍繞著你的工作內容和職位而建立，目的是滿足日常工作的需要。

例如你和上級、同事、下屬，還有客戶、供應商等的關係。你對這種關係的主導和影響力較低，基本都是你所任職的組織決定。而且這種連結往往很脆弱，隨著工作的變化，很容易失去，人走茶涼，說的就是這種關係。

## 2. 個人關係

這種關係通常由你主動建立，關乎你未來的成長和發展。它有可能從你的組織關係中衍生出來，例如你覺得有個同事能力卓越，就找他諮詢請教。或者你加入某個社群或訓練營，結識了一些志同道合的夥伴。

我從 2016 年開始收學生，我的學生們和我就是這種個人關係。他們有培訓方面的問題、寫作方面的困惑、發展方面的問題，都可以和我交流或請教。

個人關係往往需要有意為之、用心經營，不會隨著工作和職位的變動而失去。

### 3. 戰略關係

很多職場人，都會忽略戰略關係的建立。

所謂戰略關係，是指和那些未來有可能與你並肩戰鬥、互相合作、給你投資或提供平台的人，建立的互惠互利的關係。

戰略關係，不像日常朋友那麼親密，主要基於互相欣賞和互惠互利。這種關係，往往被自視清高的人所不齒，認為是庸俗的利益交換。

然而，越是自我主義盛行、強調個體的時代，戰略關係越重要。沒有哪個超級個體，可以僅憑一己之力脫穎而出，必須借助人脈、媒介、戰略關係的力量。

網路上有個調查，越是工作階層低的人群，例如清潔工、建築工人等，越鄙視戰略關係。而工作階層高的人群，例如律師、政治家等，更重視戰略關係的建立。他們把經營戰略關係視為正常行為，視為事業發展必要的部分。

組織關係、個人關係、戰略關係，是職場人際關係的三種類型。那麼，在人際交往中，都有哪些思維模式呢，什麼樣的思維模式，才對人際關係有益？

### 1. 我贏你輸思維

「贏輸思維」指在人際交往中，我要贏，你必須輸。

我使用權力、地位、資格、對事物的掌控權，實現自己想要的結果。我只關心自己，征服別人，是競爭而不是合作。儘管在某些特定領域適用，例如體育競技、政治選舉、商業競標，但在長期的人際交往中，贏輸思維有害無益。

每次都你贏，都是你佔便宜，那誰還和你玩，除非喜歡受虐。

### 2. 我輸你贏思維

「輸贏思維」是指我缺乏勇氣主張自己的利益，隱藏情感，特別容易接納，願意做爛好人，常常被欺負。那些性格懦弱的人，或者特定角色的人。例如身為父母，可能會是這種思維模式。犧牲自己，成全他人或子女，而最後滿肚委屈。

寶寶心裡苦，寶寶不說，這是愛的奉獻。

### 3. 雙輸思維

「雙輸思維」最低級、最可怕，我如果不好，你也別想好。

這種思維模式特別依賴他人，一旦對方轉身離開，就會採取極端手段，玉石俱焚、兩敗俱傷。

經常看到的一些情殺新聞，女朋友和他分手，跟了別的男生交往，他去買了一瓶硫酸，把女朋友臉毀容了，就是典型的雙輸思維模式。

### 4. 獨贏思維

「獨贏思維」這類人，很自私，我好就可以，你好不好，我無所謂。這種人以自我為中心，不在乎他人好與壞。

### 5. 雙贏思維

雙贏，是我們所提倡的。在互動中，我在乎你的利益和需求，就像在乎我的一樣。

我寧願合作，而不是競爭。你好，我好，大家好。大家好，才是真的好。

雙贏需要有很大的格局。我們常常說一個人的格局大小要包含兩方面，第一個是指視野，第二個是指心胸，能不能看到對方的需求，能不能考慮對方的利益。格局大的人，互動時一定會照顧對方的利益，而格局小的人，只專注在自己的目標。

### 6. 雙贏或不成交

有沒有比雙贏更高級的思維模式呢？

雙贏或不成交，就比雙贏更高級。我努力追求雙方都贏的結果，但當條件限制，沒法做到雙贏的時候，我們就不成交。買賣不成仁義在，當不成戀人，我們當朋友。

我成熟、獨立，不依附於任何人。好聚好散，我們可以重新開始，不用互相傷害。

三種人際關係，組織關係、個人關係、戰略關係，你有沒有忽略後面兩種呢？

六種思維模式，贏輸、輸贏、雙輸、獨贏、雙贏、雙贏或不成交，你習慣的是哪一種呢？

# TITLE 能力和人際，你缺了什麼？

**下面是我某一次訓練筆記。**

**訓練對象：海南的網友小王**

**訓練時間：2016 年 7 月 10 日晚 9 點**

**訓練方式：線上語音**

**訓練主題：確定需要努力的方向，也就是需要提升的能力。**

## 1. 目標階段

小王：「王老師好。您可以叫我小王。」

我：「好，小王。我們大約有 40 分鐘，談話結束後，你想得到一個什麼樣的答案？」

小王：「我在一家公家單位，我想確定下一步提升的方向，也就是該提升哪方面能力。」

小王：「我現在在一家公家單位，做行政方面的工作。現任這個職位有一年多了，現在困惑的是不知道是否值得繼續努力下去的工作。可能本身性格原因，我不太喜歡現在的工作，沒有成就感，還是想做些有挑戰性的工作。另外，從未來發展考慮，需要累積核心競爭能力。」

我：「那聽起來，這是兩個問題，第一是職業定位，找到想做的工作。第二是在現有位置上，提升核心競爭能力。」

小王：「是的，是這兩個問題。」

我：「因為時間原因，我們沒有辦法在一次談話中聚焦兩個問題，你更願意探討哪一個？」

小王：「第一個問題，我也不知道現在去轉行是不是太晚了，王老師您有什麼建議？」

我：「你工作多久了？」

小王：「2009 年畢業。」

我：「那才七年啊！還年輕，一切都來得及。那你願意探討職業定位，還是探討該提升什麼能力？」

小王：「我好不容易來到現在的公司，還沒想好要轉行，還是探討提升哪方面能力吧。」

我：「好，那我們就探討該提升的能力，以後如果有機會的話，再聊職業定位。」

### 2. 現狀瞭解

我：「小王，你現在主要負責什麼工作？」

小王：「主要負責團委、黨委、黨員管理等。」

我：「哦，那根據你自己的體會，做好這些工作都需要哪些方面的能力？」

小王：「我覺得至少需要文字方面的能力，我要寫一些文案；還有就是做事能力，我的工作必須有系統、夠細心；還有根據現在的流行趨勢，安排適合企業和老闆喜歡的活動。這該叫什麼能力呢，策劃能力？」

我：「你喜歡叫什麼都可以，就叫策劃能力好了。還有呢？」

小王：「還有就是人際、溝通、協調、組織的能力。」

我：「人際是做任何工作都必須的。還有呢？」

小王：「暫時就這麼多了。」

我：「嗯，你提到了文字能力、辦事能力、策劃能力，以及人際能力。你向誰彙報？」

小王：「就向老闆啊。」

我：「具體是哪位？」

小王：「我們書記。」

我：「好，那你們書記，有沒有和你聊過，尤其當你剛到這個崗位的時候，和你聊過這個崗位需要什麼能力嗎？」

小王：「這個，沒有。」

我：「從沒有聊過？」

小王：「沒有，就是工作中有時候會說『你要辦一些員工喜歡的活動』之類的話。」

我：「好。那有沒有和同行，就是和你做同樣性質工作的人聊過？」

小王：「這個很少。我們企業，和其它朋友公司相比，在這方面算做的好的，所以沒和別人有太多交流。」

我：「嗯，那想不想聽一下我的建議？」

小王：「好啊。」

我：「你私訊給我，說想聊聊在公家單位工作需要哪方面的能力，我剛才在網路上搜尋了一下，並沒有找到只適合公家單位的能力要求，有一個適合所有職場人士的可以分享下：第一是專業能力，做什麼得會什麼，例如做財務，得會財務的專業知識；第二是辦公技能，文字、電腦軟體等；第三是人際交往。」

### 3. 方案選擇

我：「我們一個一個來看，文字方面能力，需要提升嗎？」

小王：「文字應該不用。與全國同行比，我的文字當然有差距，不過在我們這個縣市，我的能力算排在前面的。」

我：「那就是說在目前這個工作夠用了，辦事能力呢？」

小王：「做事能力，我也還行吧。我挺細心的，也很有耐心。」

我：「那談談策劃能力。」

小王：「策劃能力肯定是需要提升的。」

我：「人際能力呢？」

小王：「人際能力也需要提升。」

到這裡，時間大約過去35分鐘。我覺得這次教練課程已差不多，只要再聊一下怎麼去提升策劃能力和人際能力，制訂出執行方案就行了。而事實是，我高興得太早了。

### 4. 執行計畫

我：「好，那小王，我們目前已經確認，下一步需要提升的是策劃能力和人際能力，實現了談話開始前定的目標。現在我們繼續探討如何提升這兩方面能力。」

小王：「策劃能力我覺得是可以隨著時間提升的。人際能力，正是我比較徬徨的地方，我不知道是否值得在人際關係上多下工夫。」

我：「實際上，你不是不知道該提升哪方面核心能力，而是懷疑是否值得。」

小王：「是的，這是我最徬徨的地方。」

到這裡，僵住了。我們談話開始定的目標，就是找出要提升的能力。一路下來，我辛辛苦苦提問，小王清楚了他該提升什麼。結果最初定的談話目標，並不是他最想要的結果。

一絲沮喪在我腦海飄過：開始制定談話目標時，該多花點時間。一開始我已經和小王反覆確認了目標，得到了他的肯定。再者，第一次接觸，短時間我不可能深入抓到他想要的東西。也許談話開始他也不清楚呢，隨著我們的對話，他才清楚到了自己徬徨所在。

所以，我深呼吸了兩次，繼續來過。

我：「小王，你是說隨著時間累積，你的核心能力會提高？」

小王：「是的。再說短時間內，我的工作也到不了讓人感覺驚豔的程度。」

我：「哦？驚豔，你的要求很高啊。那身邊的人，有沒有誰的工作，做到了讓你感覺驚豔的程度？」

小王：「有！我以前的主管，工作能力很強，讓人感覺很驚豔。」

我：「很厲害啊。」

小王：「不過他 EQ 太低了，最後離開了。」

我：「所以 EQ，或者我們所說的人際能力，還是很重要的。」

小王：「這我知道。不過我的 EQ 還沒低到他的程度。」

我：「小王，在我們的談話過程中，我注意到你說了幾次『不知道是否值得』，能解釋一下嗎？」

小王：「我就是覺得，一股傻勁提高能力、努力做事，可能會不值得。」

我：「不值得？是曾經受到不公平待遇了，沒有得到認可，還是怎樣？」

小王：「就是別人，好像沒有我這麼努力，工作也沒什麼特別成績，卻獲得了和我一樣的待遇和機會。」

我：「瞭解。既然他們沒你那麼努力，那他們是怎麼到達和你一樣的待遇的呢？」

小王：「他們更擅長人際關係吧。」

我：「你所說的擅長是指？」

小王：「例如他們善於經營，和重要部門的經理們關係都很好，很勢利，還愛表現，有時候很假，讓人受不了。」

我：「這些你能做到嗎？」

小王：「我做不到。可能是性格的原因吧，我不太喜歡這樣做。」

我：「做不到對上面阿諛奉承，對下面頤指氣使？」

小王：「是的。」

我：「這就是你徬徨之處了，是注重專業能力，還是注重人際關係。」

小王：「是的，王老師。你覺得我是不是給自己的性格貼了標籤？就是覺得自己不擅長人際交往。」

我：「小王，你不是貼了一個標籤，而是貼了兩個。第一個標籤是關於自己的，覺得自己的性格不擅長人際能力。第二個標籤是關於人際能力的，覺得人際交往是你看到的那樣討人厭——善巴結、愛表現。」

小王：「你的意思是……」

我：「我的意思是，專業能力，人際關係，不應該選擇注重哪個，它們是共生的、都需要，不是非此即彼的選擇題。再有，人際關係是個中性詞，不是你眼中的『善巴結、愛表現』。我試著改一下，可以說成『善經營、愛展現』。」

小王：「我好像懂了……」

我：「嗯，我們需要經營人際關係。但這種經營不一定透過送禮和巴結來進行，可以是尊重，可以是別的部門有需要時的鼎力支持。我們也需要展現自己的成績，但不是我們很『虛偽』地去表現。」

小王：「我就怕最後變成自己都不喜歡的表現了。」

我：「以你自己描述的情況看，都還沒開始嘗試呢，用不著擔心過猶不及成愛表現。」

接著，我和小王簡短分享了自己在經營人際關係和展現工作成績方面的兩個例子。

小王：「王老師，我明白了，就是找到自己的方式，去提升人際關係，達到想要的結果。」

我：「是的，找到你自己能接受的方式，不卑不亢。」

小王：「我懂了。」

我：「那還徬徨嗎？是該更注重專業能力，還是更注重人際關係？」

小王：「不徬徨了。」

我：「好，我們已經聊了一個小時了，先到這裡吧。找到適合自己的方式，能力和人際都重要，不是選擇題。」

關掉麥克風，小王私訊過來一句話：「謝謝王老師，今天收穫很多。」

### 5. 我的感悟

我們常常給「人際關係」貼上負面的標籤。人際關係，就是個中性詞，不是負面的巴結和逢迎。

能力和人際，無法取捨，分不清孰輕孰重。當年在中國農業大學讀書時，參加學校的辯論賽，決賽時代表人文學院與經管學院對壘，辯論主題是「學習重要，還是社會關係重要」。

我方捍衛「學習更重要」的論點，最後擊敗了持「社會關係更重要」論點的對手拿到了全校冠軍。為辯論需要，學校當年做了這個選題，現在想想很可笑。

學習和社會關係，等同於能力和人際，哪有輕重之分呢？寒門出身的孩子，就得靠學習和能力，否則就沒出頭之日。出頭後想更成功，就得經營人脈。最佳狀況當然是既有能力又有人際，例如比爾・蓋茨，據説他老媽是 IBM 的董事，幫他做成了第一筆生意。而 IBM 董事也不止蓋茨他媽媽一個，其他孩子就沒有蓋茨的成就。所以，蓋茨的頭腦和能力才是最關鍵的重點。

總之，能力和人際，就像人的手臂和腿，怎麼比較哪個更重要呢？這個世界本就不是非黑即白非此即彼的二種關係，裡面靠能力，外面靠人際。

訓練課程的過程中，小王問：「王老師，你説職場是不是就是不公平的？」這讓我覺得在他心中，有一些不平衡。

時間關係，我沒有和他深入探討。

別太關注別人怎麼樣，你覺得別人沒有付出和你同樣的努力，卻得到了和你一樣的機會和待遇。這只是你個人的看法。也許，別人也在這樣想你呢。

**職場成功的關鍵在於，少批評別人，找到自己要什麼。然後，設計路徑、付諸行動，義無反顧去追求。**

TITLE

# 你若不夠優秀，認識誰都沒用

阿翔是個很優秀的年輕人，積極而上進。他畢業兩年，在一家銀行有份穩定而收入不錯的工作。業餘時間，他還和幾個死黨合夥，開了一家公司，做網路購物。

他找我聊，是因為在工作和創業之間難以取捨。不知道是該專心工作，還是該辭職全心創業。最好魚和熊掌兼得，一邊工作有穩定收入，一邊創業。待時機成熟，再辭掉正職工作。

聊了一個多小時，談話快結束時，阿翔在電話那頭兒突然問：「王老師，你覺得要如何才能見到馬雲呢？」

我好奇地問：「喔，你要見馬雲做什麼？」

阿翔說他腦子裡有個點子，自認特別有商機，想找到馬雲看能否投資。

我肯定地回答道：「兄弟，想見到馬雲，太簡單了！不用思考，我腦子裡現在就有幾種方式，保證你可以見到他。」

阿翔激動地問：「王老師，真的嗎？」

我淡定地說：「真的。不過先聽我講個故事，一個美女勾搭羅振宇羅胖的故事。」

2015 年 8 月 19 日的下午 4：49，中國傳媒大學大二的學生，1996 年出生的梁境心，在網路上發訊息，「隔空喊話羅振宇」說想見羅胖。

該消息迅速在網絡上傳播開來。羅振宇知道後，可能出於好奇答覆說，只要他朋友圈裡有 20 個人，把梁同學要見他的訊息發給他，他就見梁小姐。

在大家的幫助下，產生蝴蝶效應，25 分鐘就有 20 個羅振宇的朋友，把這條資訊轉發給了羅胖。所以，無論是出於炒作的目的，還是一時衝動，總之，梁同學可以見到羅振宇了。目的達成！

講完這個故事，我補充說：「這是個很好的例子。在網路發達的時代，無邊界的社會裡，你想見誰，都有辦法見到。」

阿翔半信半疑：「所以我也隔空對馬雲喊話？」

我笑道：「我只是舉個例子。見馬雲的管道，太多太多了。可以隔空喊話，可以到阿里巴巴總部外面守株待兔，不，守株待馬，怎麼都行。」

我接著說：「重點不是如何見到馬雲，這很簡單。重點是，見到了之後呢？然後你用什麼引起他的興趣，怎樣說服他接納你的點子，進而投資你的專案？」

想見馬雲的人，多如牛毛。你的點子是否夠好，是否能有讓馬雲投資的價值？

上面提到的梁小姐，最後確實能夠見到羅胖。可是最終，梁小姐除了顏值，再沒有什麼能引起羅振宇的興趣。所以，這事後來就沒了下文。

人際關係的本質，是價值交換。交換的是物質，或交換的是精神或情感。

所以，他應該考慮的，不是怎麼才能見到馬雲，而是自己的點子是不是夠好，是否有價值。如果點子特別棒，足夠有吸引力，見不見馬雲有什麼關係？見郭台銘也可以，他們都可以進行天使投資，孵化有潛質和前途的項目。

現今社會，創意足夠耀眼，誰也遮蔽不了你的光芒。

2008 年，我在上海參加一個為期一週的培訓，認識了來自阿里巴巴的喬峰。

他其貌不揚、低調內斂，名片上的職稱是總裁助理。我們倆相互欣賞，互留了聯繫方式。2010 年，我們社區裡的朋友在淘寶上被投訴，關了店。拜託我打電話給喬峰，看能不能讓店鋪重新開張。喬峰鐵面無私，回答：「我在這個職位，不方便徇私舞弊。」

我當時挺鬱悶，不想再聯繫他了，毅然與其斷絕關係。而昨天，和一個從阿里巴巴離職的朋友聊天，他驚嘆：「你認識喬峰？他曾經是天貓總裁啊！」

我瞠目結舌：「啊？天貓總裁？」

朋友說：「是啊，他以前就是天貓總裁。馬雲喜歡金庸小說，阿里早期的員工幾乎每個人都用武俠小說人物做花名。馬雲叫風清揚，你想想，在阿里敢叫喬峰的，職位能低了嗎？」

我不禁扼腕歎息，失之交臂，沒能好好維持關係。其實也沒什麼，微微遺憾而已。即使現在還能和天貓總裁重續前緣，或者能透過他見到馬雲，對我也沒有太大意義。因為我是個培訓師，只會指手畫腳，紙上談兵，舞文弄墨，這樣的人多得是。目前看來，我沒有價值可以與他們交換。

對於上流人士，除了當年一起打拼的兄弟，外來的人，很難打進他們的圈子。他們憑什麼花時間給你呢？唯一的途徑，就是價值交換。這種交換，可能是物質的，也可能是精神或情感的。

**人脈由價值交換開始。而後來，有一方或雙方漸漸疏離，很多時候不是因為別的，而是因為覺得不值。**

在微博和微信裡，時常有年輕朋友向我請教問題，我一般會耐心回覆，他們經常說：「老師你人真好，很耐心解答我的疑問。有些名人，我留言根本不回覆。」

我一般會說：「我這麼耐心，有兩個原因：第一，我沒那麼有名，如果特別有名、特別忙，就沒時間理你了。第二，我在一家外商公司工作，薪水足夠生活，我的業餘時間，不必用來賺錢養家，所以能諄諄教導免費諮詢。我好為人師，這讓我有滿足感和成就感。」

滿足感和成就感，也是價值交換。如果有一天我自己開公司或創業，每個月都要盯著財務資料，有盈虧壓力，恐怕也會失去耐心，沒那麼親切了。

所以，人際關係的本質，是價值交換。

我最後告訴他：「你首先要下功夫，把項目完善到足以吸引投資人目光的程度。」

**與其討論如何接近高人，不如修煉內功，提升自我價值。**

**你若不夠優秀，認識誰都沒用。你夠優秀，誰都會認識你。**

# TITLE 江湖在走，原則要有

前兩天聽到一個故事，我當場差點跌破眼鏡。即使現在，還是難以置信。

國內某個非常知名的網路公司，為某個企劃舉辦慶功宴。主管 A 帶著手下的一個技術人員 B 出席。席間，A 注意到 B 用的是智障手機，就說：「你怎這麼可憐，也不換個好手機。」

B 說：「房貸壓力太大，捨不得換好的。」

A 說：「待會的抽獎活動，獎品是兩部最新款 iPhone，希望你能中。」

B 說：「好的，好的，我真希望能中獎！」

慶功宴到了高潮環節——幸運抽獎。工作人員給每人發了張紙條，大家各自寫上名字，然後將紙條放進抽獎箱。

A 沒寫自己的那張。按照慣例，主管即使中獎，也得把中獎名額讓給員工，他索性就放棄了機會。接著，A 被請到臺上當抽獎嘉賓。

他把手伸到箱子裡，攪和了幾下，心裡默念著B 的名字，抓出了一張。

主持人宣佈結果：「B ！」

這就是吸引力法則吧！如果你真的想要，強烈的渴望，宇宙都會幫你！

B 歡天喜地跑上臺，緊緊握住 A 的手：「謝謝 A 總，謝謝 A 總。」然後站在一旁，等著領獎。

A 繼續抽第二個。他把手伸到箱子裡，攪和了幾下，在大家的注視下，又抓出了一張。

主持人接過獎券，愣了一下，猶疑地宣佈結果，這次竟然還是 B！全場驚呼、議論紛紛。A 也愣在那裡，轉頭望向 B。B 的臉瞬間脹紅，他站在臺上，手足無措，馬上就從天堂墜入地獄。原來，中獎心切的他，把 A 那張沒寫的獎券，也寫上了自己的名字，投進了抽獎箱。他打死也不敢相信：一百多張抽獎券，他竟然被連續抽中兩次！

這是什麼樣的機率？這次抽獎風波過後，B 在公司聲名狼藉。

君子愛財，取之有道。在本書第一課，我講的是「思維模式」，這是我們在職場上能否幸福的基石。

**思維模式，就是我們看待、理解、詮釋這個世界的方式。它決定著我們的行為，而相應的行為，會帶來相應的結果。**

因為家庭環境、教育程度、社會環境、人生經歷、基因等等因素的影響，人們的思維模式各有不同。

但是，在這廣大的世界裡，有一個共同的標準主宰著這座思維模式的花園，那就是正確價值觀。

你可以獨樹一幟，可以有奇特思想，但思維必須符合原則。否則行走江湖，必遭雷劈。正確價值觀，就是那些放之四海而皆受用的，沒人能挑戰，沒人能忽視的價值觀。例如公平、正義、誠實、勤奮、尊重、愛。

我在第二家公司工作的時候，負責員工培訓。一家培訓公司的銷售人員找到我，說下個月要開一堂課，請我幫忙派幾個同事去上課。

年初幫公司做培訓計畫的時候，我有安排這個課程，打算派幾個人去上課，我的老闆也批准了。

所以我毫不猶豫答應對方，說沒問題，我可以派五個人過去。我和老闆彙報後，老闆也同意了。不幸的是，因為經營狀況不佳，我剛答應完人家，公司決定削減費用，所有培訓支出都要暫停。

這讓我非常為難，因為合作多年，那個銷售員和我私交也很好，他在衝業績，十分看重這五個名額。我跟他說培訓支出暫停，派不了人了，他趕緊和我協商，說：「你年初有計劃啊，現在一定要幫忙，你可以先派人來，培訓費用哪怕年底付也可以。」

我礙於情面，就心軟答應了，囑咐說：「我派人可以，但不能讓我老闆知道。等年底再一起付給你們公司費用，因為整年和你們合作很多，總共好幾十萬的培訓費，老闆應該看不出這次兩萬塊錢的支出。」

一次的心軟，把我自己害了。

其中一個學員，培訓回來和我老闆，也就是人力資源部主管聊天時，說：「人資安排的這個培訓還不錯，我們受益良多。」

我老闆說：「現在培訓都停了啊！」那個學員說：「是王鵬程安排我們去的，一共 5 個人。」

結果，老闆把我叫進辦公室。你可以想像我當時的樣子，結結巴巴語無倫次地解釋，渾身如針扎般不自在，滿臉通紅，滿頭都是汗。

幸好，老闆沒有太生氣的教訓我。她只說：「我理解，你是因為太好心，不會拒絕別人，才會這樣做。但你應該記住，誠信在職場非常重要。如果你做了有違誠信的事，別人要怎麼相信你？」

那次事件，給我上了一課。誠信，是基本的原則。

做事方法不重要，但做事手段必須符合原則。和原則作對，必然難堪沒好結果。

人在江湖走，哪能不挨刀。而堅守住那些基本的原則，可以讓你少挨幾刀。

TITLE

# 你若沒有底線，別人就會踐踏

一個粉絲發來微信說：「王老師，我喝酒會過敏，一喝就全身通紅。要過年了，各種飯局推又推不掉，我很恐懼。」

「若不喝，別人都在喝酒敬酒，感覺不上道沒意思，不給別人面子似的。喝了，自己全身過敏，很難受。」

「進退兩難。怎麼辦？」

我本身沒有這方面的經歷，但遇到過兩個酒量不好，卻相當有原則的人。

一個是老趙，和我曾經當了五年的同事。五年間，我們喝過無數次酒，他說自己就兩瓶啤酒的酒量。

喝啤酒都是人手一瓶，自己要喝自己倒。超過兩瓶，無論你怎麼軟硬兼施，老趙就是非常有原則不再喝。五年間，我無數次喝得不省人事。而老趙，從未醉過。

上個月，在雲南認識了 Leo。晚上聚餐，酒店自釀的梅子酒上來，男生女生各自倒滿，我們問他：「要來一杯嗎？」

Leo 說：「我喝酒過敏，一喝就渾身通紅。」

眾酒徒力勸：「喝一點嘛！」

Leo 說：「好的，盛情難卻，我就喝一杯。但我的原則，是只喝一杯。」

一杯酒下去，Leo 滿臉通紅。面對甜甜的梅子酒，我們一杯接著一杯乾。但沒人再給 Leo 的杯子倒酒，因為他說過只喝一杯。

所以，前面提到那位左右為難的朋友，是因為沒有底線。喝與不喝，連你自己都在猶豫不決，那別人自然不會在意你的感受。

**你堅守底線，別人就會尊重。你沒有底線，別人就會踐踏。**

2005 年，我剛加入一家公司兩個月，還在試用期。我是個特別積極主動的員工，很積極地工作，想博得我的老闆——一個四十多歲女性的欣賞。

但由於一些原因，我最初的工作，並沒有得到她的認可。每次，個性強勢的老闆，都會把我叫到辦公室。大聲地訓斥：「Winter，這件事你怎麼這樣處理，你帶腦袋來公司了嗎？」我一般會搔頭委屈地說：「老闆，我帶了啊。」

老闆不放棄，接著訓斥：「帶了？那你怎麼會這樣做！」

幾次下來，對自尊心無比之強的我造成了沉重的打擊和深深的傷害。那段時間，我好幾次都想辭職。反正還在試用期，老子不幹了！此處不留爺，自有留爺處。

但深思熟慮後，我還是決定找老闆談一談。當時我是那家世界五百強公司最年輕的主管，這樣放棄太可惜了。

某天早上，我鼓足勇氣，敲了老闆辦公室的門。推門進去，我坐在老闆辦公桌前面的椅子上，怯怯地說：「老闆，我想跟你談一談。」

老闆有些驚訝：「你想談什麼？」

竟然都來了，我心裡不再那麼忐忑，直說：「老闆，我想談一下我們對待彼此的方式。」

「對待彼此的方式？」

我解釋說：「是的，老闆。我來了兩個多月了，雖然很努力地工作，但有幾件事，並沒有達到您的期望。每次您都會批評我，說『沒用大腦啊』這類的話，這些話讓我很難受。」

「Winter，我這樣說你，不是針對你。我對其他人也都是這樣。我是覺得男生臉皮比較厚點，不會太在意。」老闆耐心解釋。

我趕緊說：「是的，老闆，我知道您不是針對我。可能我自尊心比較強，真的有點受不了。您能不能調整一下對我的方式。我做錯事，您可以提出，我一定虛心接受批評。但您的方式，能不能委婉一點？」

老闆微微一笑道：「我試試，但我不敢保證。」

我受寵若驚地說：「好好，您願意試就行。」

那次談話後，直到我在那家公司工作五年後離開，我的老闆，再也沒像之前那樣批評過我。我們之間建立了良好的上下屬關係。

那次談話兩年半後，我被提升為經理，成為了那家世界前五百強公司最年輕的經理人。這就是人際交往的秘訣。

**你堅持底線，別人就會尊重。你沒有底線，別人就會踐踏。底線清楚了，一切都迎刃而解。底線模糊，就會掙扎糾結。**

TITLE

# 換位思考，借別人的眼睛看世界

馮小剛的一部電影《一九四二》，裡面有段情節讓人印象十分深刻：長工栓柱在尋找花枝的兩個孩子途中被日本兵抓到了。日本軍官看中了栓柱手中的風車，要用一個饅頭和他換，栓柱死命不肯。

因為這個用核桃做的風車，是花枝前夫瞎鹿做給孩子的。瞎鹿死後，栓柱在逃荒路上娶了花枝，答應花枝照顧兩個孩子，他拼命也要留住這個孩子親爹給孩子的禮物。

范偉扮演的廚子，在旁邊勸栓柱：「快換，快換，保命要緊。」

耿直的栓柱不肯，日本軍官急了，搶過風車扔到火中，用尖刀刺著一個饅頭，捅到栓柱嘴裡讓他吃。

廚子又勸：「快吃，快吃，保命要緊。」作為觀眾的我，也跟著著急，心裡也喊：「快吃呀，不吃就沒命了！」

固執的栓柱，當然不會就範，他掙扎著要反抗。殘忍的日本軍官，一刀從嘴裡捅進去，貫穿了栓柱的頭顱……

身為觀眾的我們，在局外看得很清楚，明明保命要緊，他的目標是找孩子，一個風車，給了就算了。沒了命，要怎麼找孩子？

但身在其中的栓柱，沒辦法抽離出來思考，自己到底最終要的是什麼，什麼對自己更重要，就死腦筋地盯著那個風車。最後，付出了生命，再也無法挽回。

週末，我帶女兒在金雞湖邊的草坪上玩耍，兩對年輕男女在旁邊放風箏，風箏不小心掛在了樹上。

兩個年輕人開始滿地找小石頭，想把風箏打下來，兩個女生又跳又叫地加油。可是卡得太緊，怎麼也打不下來。

其中一男生急了，上前拍了拍樹幹，倒退幾步，接著助跑爬上樹幹，雙手合抱住直徑約 20 公分的樹，想爬上去。但是樹幹太滑，他爬了不到半公尺就掉了下來。

他女朋友趕緊上來安慰。另外一個男生哈哈笑了一會兒，再也沒有耐心，使勁兒拽了下風箏線，試圖扯下來。掛著風箏的那段樹枝隨著力量開始彎曲，然後「啪」的一聲，線斷了，幾片樹葉扯落在地上。

這下沒轍了，四個人圍在樹下，無奈地仰望著斷了線的風箏。

女兒和我一直幸災樂禍，在旁邊有趣地看熱鬧。這時候，我看看樹上的風箏，看看兩對年輕男女，然後環顧四周，想幫忙找找能夠碰到風箏的東西。

也巧了，視野所及，有三個清潔工人在草地邊上休息，每個人旁邊都有長竹棍，將近有三米長，頭上連著刷子，應該是用來刷湖邊石牆上的水藻。

我上前拍了下還沉浸在痛苦中的那位兄弟的肩膀說：「你

去借一下那個竹子，試試看怎麼樣。」

桿子拿來，加上身高有近五公尺長，捅了兩下，風箏就掉下來了！

這兩對男女，一直把注意力集中在樹上，沒有從其他方向來尋求解決辦法。最後，把風箏線拽斷了。

我們這些旁觀者，可以把狀況看得更深入，看得更明白，找到最恰當的方案來搞定問題。

你也有過這樣的經歷嗎？當局者迷，情緒一激動，說出了不該說的話；頭腦一衝動，做出了不該有的行為，不但沒有實現自己要的結果，還破壞了和對方的關係，後悔莫及。

其實，作為當局者，我們也是可以如旁觀者一樣思考的，可以更全面、更客觀、更冷靜地分析，進而採取最合適的行為，得到想要的結果。

人類有兩種十分寶貴的天賦：自我意識和想像力。

自我意識：就是我們能意識到自己在做什麼。例如我知道現在自己在打字，你也知道自己在讀這本書。

想像力：可以讓我們預見某種行為的結果，儘管行為還沒有發生。例如我能預測，隨手把外套扔在沙發上，妻子看見會嘮叨，栓柱應該也可以預測到，死命反抗就是死路一條。

有了這兩大天賦，當事人就可以從行為本身抽離出來，如旁觀者一樣，如導演手裡的攝像機，如一隻蒼蠅，旁觀，或者俯瞰，觀察整個情境，審視自己和其他當事人的行為。

同時能夠預測，我這樣做，對方可能有什麼反應，為了實現我想要的結果，我最好採取怎樣的行為。

我喜歡把這個過程叫「靈魂出竅」，就像有一個縮小的我，拳頭那麼大，從耳朵裡鑽出來，慢慢飛升，最後懸浮在頭上大約一公尺的高度，觀察著現實中的我，我的一舉一動，他在空中一目了然。

有個網友找我諮詢，她想要找老闆申請轉調其它部門，但缺少勇氣，也不知道該怎樣表達。我說你想像一下正和老闆談話，他會怎麼答覆你。她說：「有三種可能，一讓我在原部門再做一段時間，二說知道了，要考慮一下，三是同意了我的請求，要和我先和部門主管報告一下。」

我問：「那針對這三種答覆，你接下來打算怎麼說呢？」

在我的詢問下，她依序做出了應對方式。最後我總結：「其實今天我們不用做這個諮詢的，你只要如同一架攝像機，像一個局外人一樣，想像出和老闆交流的場景，會發生的各種可能，你自然會想出對策。」

電影中的栓柱是要死的，這是馮小剛導演製造電影衝突的需要。而現實中，他如果能抽離出來，判斷下那個場景，顯然會給了風車和吃下饅頭是更好的選擇，他還要去找孩子。

當局者迷，旁觀者清。不妨常常運用下這兩種天賦，讓我們做一個「旁觀者。」那樣的話，我們的行為一定更理性，決定更正確。

# TITLE 要怎麼講錢不傷感情？

「王老師，朋友借錢不還怎麼辦？」我的一名學員，在微信裡向我求助。

學員說：「公司裡一位同期的，前年他母親住院，跟我借了五萬元。到現在也沒還，我有要了幾次，他都說沒錢。但看到他有錢抽煙喝酒的樣子，我滿生氣的。」

我問說：「那還有其他辦法可以讓你要回這筆錢嗎？」

學員說：「目前沒有了，平時工作，我還需要他罩著我，所以沒有辦法翻臉。」

我說：「那就接受吧，就當認清了他的真面目。」

學員說：「接受什麼？」

我說：「接受他欠錢不還，你又不能逼他的事實。就當這件事情沒有發生過，他能還最好，不還就認了，忘了吧！」

**生活的智慧就在於：改變那些你能改變的，接納那些你不能改變的。**

否則，還能怎麼辦？

話說回來，朋友之間可以借錢嗎？有人說，朋友之間最好不要有金錢往來，一旦扯上錢，友誼的小船說翻就翻。

朋友之間，當然還是可以借錢！

A friend in need, is a friend indeed ！有難時出手相助的朋友，才是真正的朋友！金錢是友誼最好的試金石。雪中送炭，仗義相助，必然會昇華友誼。

當年我買房繳頭期款時，跟當時的經理借了十萬元；有一年想換台電視，錢不夠，向朋友借了幾千元。

到現在，當年的經理，我們還保持著聯繫。他當時用一個牛皮紙信封把錢交給我，我依然記得那個信封的顏色和材質；借我錢換電視的朋友，現在依然是我最好的朋友之一。

而第一家公司的一位同事，向我借過一萬元；第二家公司的一位同事，買房時跟我借了十萬元。我都毫不猶豫，立馬相助。

朋友和朋友之間，不就是這樣嗎，誰都可能有緊急情況，有能力一定幫忙，否則要朋友幹嘛？就為平日裡吃吃喝喝，有難時見死不救嗎？

不過，朋友之間，借錢要遵循一些原則。

## 1. 債務人

原則一：最好跟銀行借；若一定得跟朋友借的話，仍要付利息。

如果可以就跟銀行借，或者透支信用卡，雖然要支付利息。向朋友借，大部分時候都不用付利息，但就是欠了人情。早晚都要還的，本質上和銀行的利息並無區別。

一個人成熟的最高境界，就是不麻煩別人。能用錢搞定的事情，就用錢搞定。能用利息搞定的事情，最好就別欠人情。如果朋友堅持不要算利息，就以其他方式補償。例如請他吃飯，或者給他的孩子買個禮物等等。

原則二：只找最好的朋友借。

網路上有個傢伙，據說做過這樣一個實驗。

他有九個朋友，和他從來沒有金錢上的借貸關係，也和他的工作沒有任何牽連。大夥兒經常在一起吃飯喝茶，依他們的經濟實力借個幾千塊肯定是沒問題的。

他給每人發了一條內容都差不多的簡訊：

「我現在遇到點麻煩，需要問你借 × 千塊錢，一個月之內歸還。若可以的話給我電話，不行就發個簡訊，也沒關係，我等你答覆。」

最後七個人回了簡訊，以各種理由拒絕了他。只有兩個人打來電話，說：「帳號傳給我，立刻轉給你。」

做實驗這傢伙苦笑：「原來我只有兩個真正的朋友。」

看到這個實驗，我也禁不住苦笑：誰可能會借給你錢，誰可能會拒絕你，還用實驗嗎？

**人與人之間，有一個情感帳戶，裡面存的是信任。**好朋友間的帳戶裡，平時互動密切，餘額充足，更可能在危難時伸出援手。而大部分關係，都是泛泛之交，最好別去測試了。

記得工作第二年，和我一同加入公司的兄弟小劉找我借錢，想裝修新房要準備結婚。

當時我只是個職場新鮮人，戶頭裡只存了五萬元。那是個下雨天，我們哥倆兒騎車在超商見面。我把用信封袋裝著錢遞給他，他拍著我肩膀說：「謝謝兄弟！」我說：「兄弟，說這幹嘛。」

而去年，有個關係不太親近的朋友，找我借錢。我婉拒了，心中暗想：「我們真的不是很熟啊。」

原則三：遵守承諾。

說什麼時候還，就什麼時候還。若到時候實在還不出來，要誠懇地說明理由，請朋友寬限。

言而無信，是非常傷害朋友感情的行為。不管之前的友誼多深厚，都傷不起。

我曾經有個很好的朋友，找我借錢之後，答應在某個時間還，但到了時間音訊全無。在我躊躇很久打電話催問後，他又說了個還錢時間，但到了那個日期，他還是沒還。反覆了幾次，雖然最後他把錢還了，但我們的關係，徹底疏遠，友誼小船真的翻了。

## 2. 債權人

原則一：可以拒絕。

對於你覺得不合適的理由，你可以拒絕。例如對方拿錢去賭博、炒股、炒房。如果你借錢給朋友做有風險的事，那這錢無法收回的可能性會很高。

借銀行的錢，不用著急還清。去年我姐姐找我借錢，說要提前還房貸，省一些利息，我思考後並沒有幫忙。一是房貸何必急著還，錢一直在貶值。要是拿來繳頭期款我就會幫忙；二是我當時手頭也緊。

我們都得量力而行，要先自愛再愛人。不需要逞強幫助親人和朋友，否則自己就會受委屈。

還有一種情況要審慎，如果朋友 A 是幫他的朋友 B 借，你最好就別借了。因為 A 很可能以 B 還不了錢為由，不還你錢。除非 A 是你特別好、特別信任的朋友，即使 B 還不了，他也有能力代替 B 還清。

有個粉絲跟我說，「一個朋友，經常借錢不還，該怎麼辦？」

我回說：「活該，誰叫你不拒絕。他經常借錢不還，還好意思借，而你竟然不好意思不借。」

**甘地說過，如果你不拱手相讓，沒人能拿走你的自尊。我們屢屢受傷害，是因為我們允許對方傷害。**

原則二：小額借款，做好無法回收的準備。

如果雙方情感帳戶裡存款充足，那麼小額借款，做好收不回來的準備。也就是說，即使這錢將來你不還我，我也會借給你。

原則三：大額借款，一定要寫借據。

對於大額借款，一定要寫借據，不要愛面子而拉不下臉來要求。他都拉下臉跟你借這麼多錢了，你有什麼不好意思立借據的。

朋友如此，那親戚之間借錢也要立借據嗎？參考原則二，可以不立借據。但要抱定著即使這錢將來不還我，我依然會借你，因為我們是親人啊。如果做不到這麼大方，就立借據。白紙黑字，避免後面的紛爭。

朋友到能交心的地步，是可以相互借錢的。只要遵守以上原則，友誼的小船就會昇華為巨輪。

有一次我老爸住院動手術，幾個好友來探望，臨走時說：「錢夠嗎？需要用錢就說一聲。」雖然當時並不需要，但那一刻，我心裡覺得非常溫暖。

## TITLE 聰明是天賦，而善良是選擇

《紐約時報》曾經用頭版刊登過一篇文章：1964 年，在紐約的皇后區，凱薩琳・吉諾維斯女士遇襲身亡。令人震驚的是，她被兇手攻擊了半個多小時，受了很多折磨。她大喊救命，38 名鄰居從公寓的窗戶眼睜睜地目睹了整個事件，但沒有一個人打電話報警！

芝加哥合眾國際社也發佈過一篇報導：在芝加哥一處旅遊景點，一名 23 歲的小姐，光天化日下遭到毆打並被勒死。警方推論，她遭到襲擊時，有可能正坐在景點的噴泉附近。行兇者將她拖進了灌木叢，之後強姦並殺害了她。警方說，有好幾千人從案發地點經過，一名男子曾報告說在下午兩點前後聽到一聲尖叫，但並未深究，因為似乎沒有其他人注意到。

那麼，善良的人們，為何會在此類緊急事件中淪落為漠然的旁觀者呢？

### 1. 身份掩飾

電影《解救吾先生》改編自 2004 年震驚中國的「著名演員吳若甫綁架案」，劉德華扮演的知名演員，就是被自稱為員警的犯罪分子在夜總會門口綁架走的。

員警辦案，圍觀群眾怎麼阻攔呢？同樣，光天化日下，人口走私者裝作是孩子的奶奶，從媽媽手中搶孩子，圍觀群眾自然無人相救；大庭廣眾，犯罪分子裝作管教敗家的媳婦，搶劫毆打婦女，周圍的人往往漠然視之。

有了身份掩飾，往往就可以任意妄為。所以有人說，男人想在街上打女人，只要喊著「我辛苦賺錢養家，你竟然背著我外遇？」女人要在大庭廣眾打女人，只要喊著：「你這個狐狸精，你偷我老公！」就沒人會出手攔阻了。

別人的家務事別人不好插手，各人自掃門前雪，莫管他人瓦上霜。

## 2. 責任稀釋

對緊急事件的受害者而言，「人越多越安全」的想法，可能完全錯誤。

當現場有大量其他圍觀者的時候，旁觀者對緊急情況伸出援手的可能性很低。因為周圍有其他人可以提供幫助，個人要承擔的責任就減少了。「說不定其他人會幫忙或打電話，說不定其他人已經打電話了。」因為人人都想著別人會幫忙（或者別人已經幫了忙），結果人人都沒幫忙。

心理學家曾經在紐約街頭做過一個實驗，讓一名大學生假裝癲癇病發作。要是在場的只有一名旁觀者，有 85% 的機率他會得到幫助。而有 5 名旁觀者在場時，「病人」得到幫助的機率就降到了 31%。

有一次，我和妻子路過天津西南角地鐵站的十字路口，看到馬路中間躺著一個人，旁邊倒著一輛電動車。我們倆在旁邊猶豫了三分鐘，考慮是否報警或叫救護車。結果我們還是走了，什麼也沒做。我在想，周圍這麼多人，應該已經有人打過電話了吧。

## 3. 情況不明

心理學上有個社會認同理論。碰到不確定的情況，人很自然地會根據周圍其他人的行動來加以判斷。我們會根據其他目擊者的反應方式，得知事情到底夠不夠緊急。

心理學家做過一個實驗，看到門縫裡冒出煙霧，75% 的單個旁觀者報了警；而對於同樣的事情，要是有三個人同時旁觀，報警的機率則是 38%。要是這三個人裡有兩個都是「間諜」（研究人員事先就告訴他們別插手），則採取行動的旁觀者最少，報警的機率只有 10%。

但當旁觀者明確情況時，結果大不同。研究人員模擬了事故現場，讓一位維修工人演戲。前後做了兩次實驗，當該名男子因為施工受了傷，需要幫忙時，100% 的旁觀者都出了手。即使幫忙，就有可能觸電，但仍有 90% 的旁觀者伸出了援手。而且，不管旁觀者是一個人還是一群人，主動幫忙的機率都很高。

當情況不明，人們往往會猶豫不決。

前年的一個晚上，我出差回來拖著皮箱走到社區門口，看到馬路上一個 50 歲左右的男人，硬拖著一個七八歲的小男孩，男孩一直哭鬧。

我心裡立刻想到：「這可能是人口販賣組織偷小孩！」我有心去幫忙，但又不能確定：「他也可能是爺爺和孫子啊。」我就這樣嘀嘀咕咕，扛著行李上樓。但越想越不放心，拔腿又跑到樓下。一直追到大街上，但已經看不到那個男人和男孩的身影。

現在想起那件事，我都會自責：「萬一那真是壞人，而我本來可以救那孩子的。」

所以，旁觀者群體之所以冷漠，沒能幫忙，不是因為他們無情，而是犯罪分子利用身份掩飾，使旁觀者無法確定具體情況，同時事件現場有其他人，稀釋了個人應該有所行動的責任。

所以，這類緊急事件受害者得不到旁觀者相助的案例，發生在城市的機率，往往高於鄉村。城市喧囂、吵鬧、變化更快的地方多，在這些地方，人們很難確定發生的事件是什麼性質。

城市裡人口眾多，目擊潛在緊急事件時，多個人在場的機率更大。跟小鎮相比，城市居民認識鄰居的比例要低得多。因此，城市居民更有可能跟一群陌生人共同目睹一起緊急事件。

那麼，緊急事件受害者可以怎樣增加獲救機率呢？

第一，向具體的某個人求救，而不只是大喊救命。這樣將會避免施救責任稀釋。例如：「穿藍衣服的大哥，求求你，把我送到醫院！」「戴帽子的大姐，求求你，幫我報警！」

第二，說出具體需要什麼幫助，減少不確定性。例如：「快報警！我不是他妻子！」

「我頭暈，可能是心臟病復發，請叫救護車！」

說明具體請求，將減輕情況不明的程度，旁觀者就會知道該做什麼。

人們一向善良，從不缺乏熱心助人、見義勇為的精神。我們在緊急事件中顯示出的冷漠，不是世風日下，道德淪喪。而是旁觀者效應在作祟，它不僅影響國人，也影響著外國人。

那如何避免淪為冷漠的旁觀者，擺脫見死不救，縱容犯罪，助紂為虐的罪名呢？

只有一條建議：路見不平，該出手時就出手。很多時候不用出手，只需要發出正義的聲音，就可以壓過罪惡的氣焰。

做個好事者，遇到不確定事件，就打電話報個警。說不定，你的一個善舉，就會挽救一條生命。

# TITLE 愛，不是虧欠自己

新春佳節，家人團聚。我們再一次被濃濃的親情包圍。祥和喜樂中，也會有不和諧的因素。每逢佳節就胖三公斤，讓你不爽。弟媳不賢，哥哥不孝；侄子侄女不聽話，讓你心情差到極點。

讀者小顏就是這樣，她發給我長長的微信，傾訴她的煩惱，希望我能解惑。

小顏說：「我家在鄉下，父母年紀很大。我有一個大我10 歲的哥哥，從小就不獨立，我大三那年哥哥因為賭博，欠下上百萬元的債，嫂子也和他離了婚。我爸拼了老命工作幫哥哥還錢，但哥哥並不感恩也不悔改，依然好吃懶做，每天混吃等死。」

「工作這半年，我共給了家裡八萬元。我心裡也很清楚，那百萬元負債我也得幫忙還。」

「今晚我憋得特別難受，在外面打發時間。我難受的是我爸的教育方式，他害了我哥，也害得我到現在都不是為自己而活。」

「坦白講我真的沒有責任和義務替哥哥還錢，可是我爸媽總是給我壓力，讓我非常痛苦。我這半年工作非常辛苦，週末還兼職家教，但我媽從來沒有關心過我在外面受了多少委屈。」

「我真想罵我爸媽活該，但又無法不管，看到我爸那個樣子，我又心疼到如利劍穿心一般。」

「哥哥是真的沒救了，難道我這輩子也要賠上嗎？請王老師給我意見吧，我不怕辛苦，但就過不了心裡這一關。甚至有種衝動，存到 50 萬元，然後和家裡絕交。這樣的家，不要也罷。」

小顏在工作之初，遇到職場上的困惑，我曾給過建議。而這次，我一直沒給她回覆。我不知從何處著筆，故事太虐心。

小顏深陷取悅模式、付出犧牲情感之中，唯有明確的界限和樂觀正向的思維，才能讓她掙脫牢籠，好過一些。

## 1. 取悅模式

取悅模式，是我最近在翻譯一本書時碰到的詞語，令我豁然開朗，看透很多問題。

從嬰兒到青少年時期，多年來對他人的依賴，影響了我們思維的形成。為了獲取所需（或者我們認為所需的）得以生存，我們總要取悅他人。

有兄弟姐妹的同學，生在物質貧乏地區或時代的人，成長於專制環境的人，一定可以感同身受。我們不得不察言觀色取悅權威，才能得到我們所需。

取悅，即獲得認同的動機，是建立在對過去經驗的記憶和對未來結果的期望或恐懼之上。

取悅模式，就是把自己的幸福，依附在他人身上。別人高興，我才會高興；別人幸福，我才會幸福。這種思維模式，經由早年經歷形成，深印在腦中，很難打破。

小顏就是這樣，她替哥哥還債，是出於父母的期待。她認為自己要付出，父母才會認同她；父母好過，她也才能好過。

昨天和我大姐吃飯，談到外甥女的婚事。外甥女老大不小，大姐為她的婚事很著急。

我說：「人家已經成年，找不找對象、結不結婚，都是自己的事，你何必催她？」

姐姐說：「那怎麼行，這麼大了還沒有對象，別人會怎麼看，別人會說閒話的。」

看到取悅模式的根深蒂固和可怕之處了吧。如今的父母逼婚，竟然很大程度上，是擔心別人說閒話。

我孩子結不結婚，關你屁事啊？可是，我們深深被取悅模式所困，期望得到他人的認同。

**為父母的心願選擇職業的人，為父母的要求而照顧兄弟姐妹的人，為配偶的事業放棄自己生活的人，都是為別人活著，從未真正做自己。這都是基因裡那深深銘刻的取悅模式在作祟。**

## 2. 付出感

早晨上班坐地鐵，你讓座給一個老人家。老人連聲道謝，你會覺得很開心。若老人大剌剌一屁股坐下，謝也不謝，理所當然，你就會暗暗不爽。

取悅模式導致我們為別人的期望而付出，如果付出後，對方並沒有感恩，我們不免委屈失落。

這就是付出感在作祟，它往往與取悅模式共生。我為你付出了這麼多，你竟然視而不見，你的良心呢？

小顏就是這樣。「我在外面辛苦工作，週末還兼職家教，媽媽從來沒有關心過我受的委屈。」

加班很晚回到家，面對嘮嘮叨叨的妻子，丈夫說：「我為這個家付出這麼多，你竟然不理解！」

孩子不好好學習，媽媽說：「我為了照顧你辭去工作，你竟然不好好學習，你對得起我嗎？」

自認為對家庭付出最多的孩子，對年邁虛弱的父母說：「我為這個家做的還不夠多嗎？你還是最不喜歡我！」

我付出了這麼多，你竟然……人際關係的本質，是價值交換。

當付出得不到回報，人們就會覺得委屈。這就是付出感。既然取悅模式深入骨子，尤其是現在七、八年級後的年輕人，取悅不成就會委屈，深受付出感折磨，怎麼辦呢？

用界限感，對抗取悅模式；用樂觀正向思維，消解付出感。

## 3. 界限感

取悅模式，本質上是情感依賴，期望獲得認同，將幸福依附在他人之上。

無止盡地滿足父母的期望，是取悅；逼著兒女結婚，你們成家，我死也瞑目了，將自己的幸福依附在兒女身上，也是取悅。

**對抗取悅模式的最佳方式，是情感上的獨立，是心理上的界限感：我愛你們，但有界限。**

父母對我們有養育之恩，但從人類進化角度上講，本質上是自私的：想傳宗接代，要想養兒防老，或是一時衝動。

我們長大之時，不僅身體上要斷奶，情感上也要斷乳：我長大了，我的幸福自己決定。不是你們幸福了，我才幸福，我才敢幸福。

**我的幸福，只有自己能定義和做主。無需取悅他人，不要別人認可。我的幸福，不依附在任何他人的幸福之上。**

只要取悅自己，博得自我認同。親情關係，無論和父母，還是跟兄弟姐妹，有時需要做一點點抽離，也就是以旁觀者的角度，看待你和他們的關係。

你會發現，他們都是普通人，有著各式各樣的劣習和品性，平凡如云云眾生。

而每個成年人，無論父母，還是兄弟姐妹，都有選擇的權利。同時，也要為自己的選擇帶來的結果買單。

**界限感就是：我的生活我自己做主，你的人生，我不會負責。**

## 4. 樂觀感

最近網路上有篇流傳的文章，叫《付出感才是謀殺人類情感的首要元兇》。

網友們瘋傳裡面的一段話：「關係中最棒的心態是，我的一切付出都是心甘情願，我對此絕口不提。你若投桃報李，我會十分感激。你若無動於衷，我也不灰心喪氣。直到有一天我不願再這般愛你，那就讓我們一拍兩散，各分東西。」

這段話很棒，因為它宣揚的，是無條件的愛。就如同「我愛你，和你無關」一樣，得有多博大的胸懷，多高的境界，才能做到。

人際關係的本質，是價值交換。人們對他人好，無論對方是誰，都會有期待。真能做到無期許、無條件愛的，試問世間有幾人？

對於付出感，最佳的方式不是無條件的愛，而是樂觀正向的心。自愛和愛人，如同兩個杯子。自己的杯子，尚未填滿，還要再把愛倒去另一個杯子。

愛別人，就會心生委屈，覺得虧欠了自己。最佳的方式是，愛自己的杯子，已經滿了，盈餘富足，再把多餘的愛，倒去另一個杯子，愛別人。

**愛，不是虧欠自己。而是自愛有餘，滿溢出來，再愛別人。**

所以，我建議小顏以及所有受取悅模式和付出感控制、為親情所困的朋友：建立明確的界限感，我有我的生活，無法為你負責。無論這個你，是父母還是兄弟姐妹，先過好自己的日子，有了餘力，再分一點點的愛，去愛他人，這樣才不會委屈。

TITLE

# 不要用過去的付出，勒索未來的幸福

有位小姐，在微博私訊我。

她說：「王老師，我最近遇到一個渣男。他是我閨蜜的男朋友，不上班、好吃懶做、不求上進。我心疼我的閨蜜，就把他介紹到我們公司工作。」

「結果他不是遲到就是早退，工作也不認真。主管礙於我的情面，一直容忍放縱他。我提醒過他幾次，他不但不改，還在聚會時，當著閨蜜的面說自己要被開除了，在別人面前鬧笑話。」

「一來礙於閨蜜的面子，二來他的工作是我介紹的，所以我總是沒法撕破臉。可是我很難受，真的受夠他了。王老師，你說我該怎麼辦？過去我幫了他那麼多，如果不管了，過去的事情就都白做了。」

「我是該繼續幫他，還是徹底絕交？如果徹底絕交，我又怕傷害閨蜜。」

我簡單直接地回覆說：「小姐，絕交吧。珍愛生命，遠離廢物。」

**第一，賤人就是矯情，你永遠無法改變他。**

子曰：有教無類。以我從事培訓職業十五年的經驗看，有些人是根本無法改變的。

基因、成長環境、教育環境、人生經歷等因素，影響了人的思維模式。思維模式影響著人的想法及行為，根深蒂固。

在講授《有效溝通》《衝突管理》等課程時，我都告誡學員：「我講授的觀念、工具相當管用，可以幫助你解決生活和工作中遇到的絕大部分人際問題。」

即使你掌握的是真理，你永遠不可能説服所有人。

有些賤人，就是矯情。正如《高效能人士的七個習慣》課程裡講的：「每個人都守著一扇只能由內而外開啟的改變之門。除非他願意，否則無論你動之以情，還是曉之以理，你都無法替他開門。」

**第二，過去的付出是沉沒成本，當下和對未來的決定，不能被沉沒成本挾持。**

這個小姐説，過去幫了廢物那麼多，如果現在不管了，過去不都白做了嗎？就是這個「過去都白做了」的想法，害了很多人。

過去的付出，在經濟學上叫「沉沒成本」。沉沒成本是指由於過去的決定已經發生了，而不能由現在或將來的任何決定改變的成本，也就是付出且不可收回的成本。

人們在決定是否去做一件事情的時候，不僅是看這件事對自己有沒有好處，而且也看過去是不是已經在這件事情上有過投入。這些已經發生不可收回的支出，如時間、金錢、精力等稱為沉沒成本。

由於被沉沒成本挾持，人們往往猶豫不決，失去走出困頓改變的勇氣。

有人在一個公司做了二十多年，付出了全部青春，雖然再無熱情，仍然忍著繼續工作。

愛了對方三年，雖然知道他是個王八蛋，但已傾其所有，所以難以割捨。

婚姻已然破碎，但為彼此付出太多，寧可貌合神離同床異夢，也不想衝出圍城尋找新的愛情。

**這都是受沉沒成本的羈絆，用過去的付出，勒索未來的幸福。**

有個在地鐵公司工作的兄弟，他每天的工作是在控制室，盯著一排監視器。他雖然工作的很厭倦了，可是不能辭職。因為這份工作，是爸爸花了 20 萬元，透過關係幫他安排的。

對他的狀況，我給的建議是：要不換職位，要不就辭職。讓你老爸再花 20 萬元，換一份你喜歡的工作。或者離職，去尋找新的工作，忘掉那愚蠢的 20 萬元吧。那 20 萬元，是典型的沉沒成本。

如果換不來當下的快樂和未來的幸福，莫留戀、莫糾結，最好的應對辦法，是說再見、是割捨。**成大事者，要學會不**

**糾結。要不改變，要不離開。**

**第三，先自愛再愛人，首要的是自己快樂。**

這個小姐很善良，怕和廢物絕交會傷害和閨蜜的感情。

但繼續和廢物共事，不會傷害自己嗎？

人際交往的原則，是先自愛、再愛人，先悅己、再達人。而不是只顧及別人的感受，而委屈自己。

自愛和愛人，就像兩個水桶。最好的狀態，是自己的水桶已經滿了，再把多餘的愛，倒給另一個水桶。而不是自己的尚有虧欠，還要逞強往另一桶裡倒，去逢迎和滿足他人。

愛是滿溢出來，不是完全無私奉獻，委屈求全。

之前有幾個年輕人找我諮詢。他們畢業後心懷大愛，選擇到公益單位工作。兩年過後，發現憑微薄之力改變不了現狀，同時連自身生計都成問題。結果跑來求助，詢問怎樣轉換工作，滿足基本的溫飽。

這就是典型的顛倒了人生順序，過於追求愛人、奉獻自我，而忘記自愛了。

《禮記》裡講先修身，後齊家，再治國，然後平天下。

馬斯洛也講到先滿足生理需求，後安全需求，再社交和愛的需求，最後才是自我實現。這也能解釋臉書執行長馬克 · 祖克伯為啥裸捐。

網路上好多人陰暗狹隘惡毒地亂批評，説他是為避稅。有 1 億元和有 450 億元，對幸福感的影響，難道還會有差別？

井蛙不可以語於海，夏蟲不可以語於冰。

人家是追求自我實現呢，好一群無知的人啊！

所以再有畢業生找我諮詢，說：「老師我想去做公益，或者去貧困山區支援。」我一般會回說：「別廢話了，先去工作吧！」

一個人沒能力愛自己，怎麼會有能力、有心情，去愛別人呢？先自愛再愛人，才接納完整的自己，才有力量去幫助別人。

最後想和那位小姐，以及正在讀這本書的每一位讀者說：珍愛自己的人生，請遠離廢物。有些賤人，就是矯情。別徒勞去改變，別再糾纏。

別被過去付出的沉沒成本綁架，覆水難收，為了當下的快樂和未來的幸福，堅決改變，勇敢割捨。

**時間，就該浪費在美好的人和事上。先愛己，再愛人。**

**你，對的，就是你，是這個世界上，最應該被愛的人。**

TITLE

# 別讓負面情緒控制了你的人生

我家樓下有兩家店。一家是蛋糕店，另一家也是蛋糕店。

週六早晨，還在睡夢中的我，被一陣急促的汽車喇叭聲吵醒。我蹙著眉頭，掙扎起床打開窗，探身出去看個究竟。

社區車位停滿滿的，每天都有人把車違停在馬路邊、店鋪前面。現在，一輛福特進口車的前門開著，駕駛身穿白襯衫，文質彬彬的樣子，左手扶在車門上，探身進去用右手狂按著喇叭。原來，在路邊停的這排車外面，更靠近馬路中央的位置，又停了一輛進口車，正好擋住了他的出路。

其中一家蛋糕店的老闆，穿著夾腳拖鞋，出來罵道：「我停車卸貨就走，你按什麼按，有病啊？」

開福特的襯衫哥聞言，一把甩上車門，立刻回擊：「有人像你這樣停車的嗎？你還一付理所當然的樣子，有沒有品啊！」

拖鞋哥湊上前：「誰有病？誰有病？你沒病你一直按喇叭！再說一句，我就教訓你！」

「你來，你來！有種你打！」襯衫哥雖然矮小，但毫不示弱。

二人你來我往，針鋒相對。倏忽間，圍上一群看熱鬧的群眾。交通因此堵塞，過往車輛無法通行，一時間喇叭聲大作。罵到最後，終於演變成全武行。襯衫哥和拖鞋哥扭打在一起。

原本在旁邊等襯衫哥的妻子，加上看起來年近六十歲的他的老娘，也加入戰爭，一起打拖鞋哥。

有人報警，警車來了。勸阻無效，員警也很無奈，把雙方都帶回警局處理。

人群散去，我在樓上搖頭歎息。因為不能掌控情緒，襯衫哥和拖鞋哥，與美好的週末清晨失之交臂。

當情緒來襲，我們如何掌控自己的行為，才能避免糟糕的結局呢？當與別人互動，憤怒情緒湧上來，可能爆發衝突時，不妨問問自己：

**我想要的是什麼？**

**我的表現，和我想要的目標一致嗎？**

**我怎麼做，才能得到我想要的？**

分享一個我親身的經驗。

我在一家美國公司工作，2014 年 7 月要離開待了三年半的蘇州工廠，到北京辦公室上班。北京的 IT 同事說：「你 8 月 1 號入職，但筆記型電腦還在申請中，得等 8 月中旬才能拿到。」

我說：「那怎麼辦？」

他說：「你要不要和蘇州分公司商量一下，離開時先別退還手中的電腦，等北京的到了，去蘇州時再還回去。」

我說：「沒問題，那我來問問。」

離開蘇州工廠那天，我找蘇州的 IT 同事說：「電腦能不能先不還，借用一個月，我還負責蘇州工廠的培訓，每個月都會來，再來時再還。」

IT 同事說：「你最好和我們經理說一下，這我無法決定，按程序離職的員工都得歸還電腦。」

我直接撥通 IT 經理的電話，講了來龍去脈，說可不可以一個月後再還。我信心十足，心想這不是什麼大事。而且那位經理和我很熟，他聽過我好多課。

萬萬沒想到，他說：「這可能沒辦法，按照流程離職都得歸還電腦。」

我說：「我不是離職，只是在集團內部換工作的地點，以後還會來講課。」

他說：「以前有個經理，也是集團內部調動，去了菲律賓，已經三年了他的電腦也沒還。」

聽到這裡，我的火爆脾氣就上來了。我只是在中國地區內部調動，每個月都會來講課。況且你不能用別人的行為揣測我的表現。這台電腦我用了三年多了，折舊也就值 300 元，難道我還會藏著不還？

我差點脫口而出內心深處的想法，但大腦迅速轉動了一下，我想到了上面那三句話。

我想要的是什麼？就是借用電腦啊。

我的表現，和我想要的結果一致嗎？如果我講出來腦子裡想的這些廢話，就會和目的背道而馳。

我怎麼做，才能得到我想要的？

想到這，我在電話裡問 IT 經理：「我怎麼樣才可以把電腦借走呢？」

他說：「你最好跟總經理報告一下。」

我明白了。回到座位，我做了幾次深呼吸，調整了情緒。然後寫了封郵件給 IT 部總經理，重複了前因後果，問可不可以借走電腦。點擊發送前，我把蘇州總經理的名字，放入了副件欄。兩分鐘之後，我便收到了回覆，IT 經理回信：「OK。」

當情緒上來，腎上腺素飆升，我們往往會忘記最初的目的，只在氣頭上爭口氣。

問出第一句話，我想要的是什麼，就會回到軌道，絕不是為了要爭氣。歷史上的越王勾踐臥薪嚐膽，韓信受胯下之辱隱忍不發，都是這個道理。

週末清晨，襯衫哥想要的是把車開走，帶妻子和媽媽愉快出遊；而拖鞋哥想要的是順利卸完貨，週末能多賣點蛋糕。

想清楚這點後，襯衫哥就不會說對方有病，拖鞋哥也不會想打人了。拖鞋哥只需要說句：「不好意思啊，擋到你的路了。」趕緊上前移車。

襯衫哥也可能來一句：「沒關係。」雙方各退一步，天下太平。

記住這三句話了嗎？

我想要的是什麼？

我的表現，和我想要的目標一致嗎？

我怎麼做，才能得到我想要的？

**一切人際衝突的本質，都是在情緒驅動下，有一方，或雙方，偏離了最初的目標。如果能重新聚焦，必然會使互動重回正軌，選擇最適合目標實現的行為。**

# TITLE 發脾氣的藝術

有時候會有學員問：「老師，在日常工作和生活中，我們是不是不能發脾氣，發脾氣是不是 EQ 低的表現？」

我斬釘截鐵地回答：「不對，我們可以發脾氣。」

如果只有發脾氣這種方式，才能實現你想要的結果，那就可以發脾氣。但是，要注意發脾氣的正確方式。

首先，發脾氣只適合在和對方是屬於不會再見面的關係。

在人際關係中，有種思維模式叫輸贏思維，我贏你輸。這種模式只強調自己利益，同時傷及他人。雖然它比較低級，但在一次性的交往中，倒也能夠理解。

這就能解釋為什麼有時到觀光景點總是會被坑，為什麼你去雲南旅遊買茶葉、買玉，99% 的機率會被當肥羊宰。這都是一次性買賣，他能宰就宰你啊，此生再見的機率，太小太小了。

而在長期關係中，輸贏模式就行不通。發脾氣會給對方造成傷害，而傷害換回的只有怨恨。

**其次，發脾氣要有助於目標的實現，或確保目標已實現。**

我始終強調，小孩子做事，看心情；成年人做事，看利弊。

你採取的行為，應該是有助於實現目標的，而不是讓你離目標越來越遠，甚至背道而馳。

如果發脾氣，是實現目標的唯一方式，那就發吧。或者，當你發脾氣時，你的目標已經實現。

那年，我還在蘇州工業園區工作，有一天去郵局，匯款給一家出版社購買一批書籍。排隊排了半天終於輪到我，我把匯款表格填寫好，遞給窗口人員，那是個二十五、六歲，身穿郵局制服，長得清秀但卻一臉冷酷的小姐。

她掃了一眼匯款單，隨手退回給我說：「沒填收款人。」

我解釋說：「這是一家出版社，公司帳號，所以只有出版社名稱，沒有具體收款人。」

她盯著電腦螢幕，目不斜視地回答：「不行，必須有收款人。」

「啊，還有這個規定？」我有些生氣，但趕緊匯款比較重要，就壓制住情緒，「你等一下，我打電話問問。」

我拿出手機，撥通了出版社連絡人的電話，希望他給我個名字。對方不樂意，說如果匯給他個人，他得去郵局取款。而別人匯款，只寫公司帳號就行了，從未遇到今天這樣的要求。他說：「你把電話給郵局工作人員，我解釋一下。」

我把手機從窗口遞進去，說：「您可以接一下電話嗎，對方想跟您說明。」

始料未及，那個小姐毫無反應，不看我，也不說話。

我拿著手機的手，就那樣尷尬地伸在半空，足足有20

秒！我咬著牙忍住怒氣，氣得手開始發抖。

我死命地盯了那個小姐一會，把氣得直抖的手收回，將手機放回耳邊，和出版社的人說：「郵局的人不接電話，你給我你的名字和個人帳戶。」

對方無奈，把姓名、電話和個人帳號給了我。我忍著怒氣，重新填好單據，空氣凝滯中，把單子遞給裡面的小姐。

她把資訊輸入系統，收了我的匯款，收了我的手續費，給了回執單。

我接過回執單，慢慢放回錢包，把錢包塞回口袋，平靜地跟那個工作人員說：「去把你們經理叫來，我要投訴你。」

小姐不以為然，冷冷地說：「投訴我什麼？」

「投訴你服務態度惡劣！」我提高音量。

小姐振振有詞：「我們有規定，上班時間不能接電話。」

「不能接私人電話，還是不能接客戶電話？你把規定拿出來我看看。」我據理力爭。

小姐繼續辯解，我身後排隊的十幾個人躁動不安，有人嘀咕：「算了，算了，你辦完了，我們還沒呢。」

我轉過頭喊：「別廢話！」後面就沒有聲音了。我回身，堅定地對那個小姐說：「叫你們主管來，今天你必須給我道歉，否則誰也別辦了。」

後來，郵局值班經理過來，瞭解情況後向我道歉。我不接受，直到櫃檯裡那個小姐站起來給我道歉，我才作罷。

情緒，可以宣洩，但要保證目標已經實現。匯款是終極目的，其他都是其次。

**最後，要先做好自我保護。**

還是前幾年在蘇州工業園區工作的時候，我家樓下有個兒童遊戲區，有盪鞦韆、有木馬、有沙坑。

一天晚上 11 點多，我被吵醒。樓下來了一群年輕的外國人，聽起來有男有女，大約十多人，似乎有人過生日，大家喝了點酒，在下面又笑又鬧。

我一直忍著，國外遊客嘛，而且還是孩子，過生日開心慶祝。心想頂多鬧一會兒他們就會走的。

忍到 12 點多，他們興致依然，毫無要離開的跡象。我受不了了，下床換上輕便的運動衣、運動鞋，下了樓。

經過他們身邊，我沒有說話，沒有直接理論，而是去了門口的警衛室，我說：「他們那麼吵，你們怎麼不管。」警衛說：「我們剛剛去過了，他們說聽不懂中文。」

我和兩個保安回到遊樂場，警衛請他們離開，裡面一個二十來歲的女生，似乎是帶頭的，兩手一攤，表示聽不懂。

我用英文說：「你們現在必須離開，打擾到我們休息了。」

女孩振振有詞：「那我們去哪兒？」

我立場堅定：「那是你們的問題，可以去金雞湖邊，這跟我無關。」

旁邊兩個醉醺醺的，騎在兒童木馬上的十七八歲的男生有些躁動，嘴巴不乾淨，冒出一些罵人的詞。

我身邊有兩位警衛在，我一點都不用害怕擔心，轉頭對他倆喊：「Shut up ！ Watch your mouth ！」（閉嘴！嘴巴放乾淨點！）

被我的氣勢震懾，有兩個女生拉那個帶頭的女生起身，一群小老外，不情願地離開了遊樂場。

我成功用對峙的方式，趕走了他們。但下樓之前，我換上了運動衣、運動鞋，萬一發生衝突，我手腳也夠靈活。

面對一群喝多的無知少年，也許會有肢體衝突，所以我第一時間叫來了警衛，避免形單影隻孤軍奮戰。

我們要勇敢，但儘量先做好自我保護，避免受到傷害。

弱者易怒如虎，強者平靜如水。忍一時風平浪靜，退一步海闊天空，這是真理。在一些非必要、無關緊要的時刻，忍讓不是懦弱，反而是內心強大的表現。

能屈能伸，臉上寫著四個字：哥，不在乎！為了偉大的目標，自我犧牲，是英雄主義。而為了更宏大的事業，苟且活著，也是英雄主義，活得隱忍，活得光榮。

FOURTH LESSON

第四課

# 與自己對話，選擇想要的人生

TITLE

# 點亮你人生的指路明燈

職場幸福四要素（如 P.014 圖 1-1）的第四部分，我們一起來探討「意義」，這是我們和世界的關係。

在幫學生上課時，我常常談及經典的時間管理矩陣。有一次在某外企講課，剛剛講完這個矩陣，有位同學舉手提問：「老師，我的第一象限是既重要又緊急的事和第二象限重要不緊急的事，不就是為了有一天，實現第四象限的狀態嗎？做那些看電視、打電動，無聊又享受的事情。」

他說的挺有道理，我竟無言以對。

的確，我們終日忙忙碌碌，很多時候，就是為了盼著假期的來臨，不用早起、不用打卡，窩在沙發一整天，享受人生。

但問題是，沒有人可以一直待在第四象限，放縱享樂，無所事事。總是要做點有價值的事情，尋找意義。

找到更高目標，就會鬥志高昂，繼續出發；找不到，就會墮落放縱，只想尋求刺激。

例如明星吸毒，典型是年少成名，名利都得到之後尋求刺激的行為，和飆車相同。

而中國男單羽球名將林丹出軌，表面是好色花心，更深層的原因，是打遍天下無敵手後的空虛寂寞。唯有找到新的目標，才會重燃鬥志。

這如同 2008 年北京奧運會之後的美國游泳名將菲爾普斯，功成名就後迷失，吸食大麻，流連於娛樂場所。還好後來洗心革面，重回泳池賽道，在倫敦奧運會上再次綻放光芒。

所以，找到工作和人生的意義，至關重要。

在這裡，我將用「個人使命宣言」這個工具，帶大家做人生探索。

這個概念出自《高效能人士的七個習慣》一書。在這個宣言裡，你可以寫下自己最深的渴望、人生目標、什麼對你最重要、你想過怎樣的生活、想做出怎樣的貢獻。它就如同你人生的憲法，既是做出重大決定的基礎，又是跌宕起伏人生的指路明燈。

個人使命宣言可以是任何形式、詩歌、圖畫等，亦可長可短，只要反映你的心聲，明確意義和方向。它也不是一蹴而就一夜之間完成的，可以隨著你的年齡和心境不斷改寫。

我從 2002 年開始紀錄個人使命宣言，以下是最新的版本：

使命、準則、目標構成我的個人使命宣言。

**使命** 就是墓誌銘。

**準則** 是我完成使命堅定不移的立場。

**目標** 就是讓使命更明確，就是要完成的事。

▼使命：

成為一個正向積極影響他人的人。

▼準則：

（1）無論做什麼，都要發乎於心。

（2）看重大方向，不在意細枝末節。

（3）不斷學習，以開放的態度面對一切。

（4）維持生命各方面的平衡。

▼目標：

（1）家庭方面：

- 關懷父母，使他們老年安樂。
- 愛妻子，讓她幸福，不讓她覺得嫁給我是個錯誤。
- 女兒和兒子生命中的重要時刻，我都在場。
- 女兒和兒子 10 歲以前，平均每週花 10 小時和他們在一起。
- 規劃晚年，不成為孩子的負擔。

（2）事業方面：

- 提供幫助和指導，助他人完成職業生涯規劃。

（3）社會角色：

- 保護環境，盡可能減少浪費。
- 幫助需要幫助的人。

（4）自我：

- 每週健身至少兩次，享受運動的快感。
- 堅持閱讀，每週閱讀一本書。

- 每年一次國外旅游，欣賞各國風俗民情與美景。
- 堅持學習。每年至少學習一門新課，或參加一項新的體育運動，或開拓一個新領域，或者學會一項新技能。
- 每週獨處思考一小時，追求內心的祥和與寧靜。

人的一生，都避免不了要回答這三個終極問題：我是誰，我從哪裡來，我要到哪裡去。

所以，西遊記中，唐僧每次跟人或者妖介紹自己，都會說：「貧僧唐三藏，從東土大唐而來，去往西天拜佛取經。」你呢，你是誰？你從哪裡來？你要到哪裡去？

# TITLE 為自己的人生找個意義

有人說，養花養鳥養貓狗，可以延長壽命。

在《最好的告別》一書中，作者葛文德醫生記錄了這樣一個案例。

1991 年，比爾・湯瑪斯成為了紐約州北部小鎮新柏林大通療養院的醫療主任。這所療養院住了 80 位嚴重失能的老人，半數老人身體殘障，八成老人患有老年癡呆。和大多數同類機構一樣，大通養老院蔓延著三大情緒瘟疫：厭倦感、孤獨感和無助感。

這裡死氣沉沉，老人們目光呆滯，毫無生氣，在護士的嚴格監控下，按時起床、吃飯、服藥、參加各種活動，過著囚犯般的日子。

充滿創造力的比爾・湯瑪斯，決定作出改變。他認為療養院需要一些生氣：他要在每個房間裡擺放植物；他要設計一片菜園和花園；並養一些動物。

出於健康和安全考量，飼養動物相對比較複雜。但比爾努力不懈，跨越重重阻礙，終於打破根深蒂固的文化，拿到了許可！

「文化具有極大的惰性，」他說「它是文化。它之所以能發揮作用，是因為它持久。文化會把創新扼殺在搖籃中。」

比爾弄來了 2 隻狗、4 隻貓和 100 隻鳥，以及一群兔子和一群母雞！還有數百株室內植物和一個欣欣向榮的菜園、花園。

結果呢？研究者研究了該專案兩年間的效果，對比了大通養老院和附近另一所療養院的各種措施。

他們發現：大通療養院的居民需要的處方數量下降了一半，針對痛苦的精神類藥物，下降尤其明顯。藥品開銷只是對照機構的 38%，死亡率下降了 15%。

研究沒辦法解釋原因，但是比爾認為他能說清楚：「我相信死亡率的差異，可以追蹤到人對於活著的理由的根本需求。」

20 世紀 70 年代初期，心理學家裘蒂斯．羅丁和埃倫．蘭格做了一項實驗，讓康涅狄格州一所療養院發給每個居民一株植物。

一半居民的任務是幫植物澆水，並參加一個關於在生活中承擔責任好處的講座。另一半居民的植物則由他人協助澆水。

一年半以後，被鼓勵承擔更多責任的那批人（即便只是負責照顧一株植物這麼小的事）思維更敏捷，更活躍，也活得更長久。

是的，養花養鳥養貓狗，可以延長壽命！

因為它們都是生物，都有生命力，可以有效對抗三大瘟疫。針對厭倦感，生物會展現生命力；針對孤獨感，生命能提供陪伴；針對無助感，生物會給老人提供照顧其他生命的機會。

最後這點最為重要：照顧其他生命的機會，讓人們可以體驗到更有意義、更愉悅和更具滿足感的生活，他們可以感受到更多活下去的價值感。

人最終都會走向死亡。唯一讓死亡並非毫無意義的途徑，就是設定超越自我的目標，把自己視為某種更宏大事物的一部分，實現價值，找到意義。

在我的課程裡，我把「工作意義」視為幸福必不可少的要素之一。唯有在現有的工作中找到意義，或者找到有意義的工作，一個人才能充分發揮內在動力，積極幸福地工作和生活。

人是低賤的動物，沒人能一直庸庸碌碌如行屍走肉般，混吃等死地活著，總是想實現自我價值，找到人生意義。

所以，打了一天電動、滑了一天手機、追了一天韓劇，我們往往會有自責感。

同樣，某段時間只為錢工作無可厚非，但遲早你的精神都會開始訴求更多。我們願意超越自私自利，願意成為更宏大目標的一部分，願意為他人的福祉奉獻和服務。

如果我們不分辨或主張自己想做什麼——我們想經由工作實現的目的——總有人樂意拉我們去實現他們的目標。大部分時候，都與錢有關。

不知道自己想要什麼？好吧，你可以幫我賺錢。把你的勞力、智力、經驗都給我，我知道可以用來做什麼。

如果生命廉價，它僅有的價值就是別人願意出多少錢。我們能做的，就是把技能、經驗打包賣個好價錢。與之相反，如果生命有固有的價值，那用來做什麼就至關重要。

如果生命能創造不同，那你的作為，就會帶來改變。將生命花費在所愛之事上，與賣個高價被人雇傭，完全不同。

**正如尼采所言：人只要有活下去的理由，幾乎什麼都能忍受。生活有意義，就算在困境中也能甘之如飴；生活無意義，就算在順境中也度日如年。**

# TITLE 別給自己的未來留下遺憾

布朗尼・韋爾是名澳大利亞護士，在一家醫療中心工作，照顧那些最久只能活約 12 週的病人。

她在名為「靈感與氣」的網誌上發表文章，記錄那些人瀕死而覺悟的故事。這些文章吸引了大量關注，後來她把自己的觀察集結成為著作《臨終前的五大遺憾》。

對於男性排名於前幾項的是「我希望工作沒那麼拼命」。韋爾寫下了在生命盡頭，人們對一生的回顧和反省，以及我們可以從他們的經驗中汲取到什麼。

「當被問及有什麼遺憾，或者重新來過的話會有何不同。」她說道，「同樣的答案總是一遍遍出現。」

這是韋爾親身經歷的，人們臨終前的五大遺憾：

**第一，我希望有勇氣過自己想要的生活，而不是活在別人的期望裡。**

這是最普遍的遺憾。當人們意識到生命就要結束，回首一生時，很容易看到好多夢想都沒有實現。多數人沒尊重自己的夢想，臨死前才明白這都是因為他們的選擇，或者當初沒堅持某個選擇。健康的時候，很少有人意識到這些。

**第二，我希望工作沒那麼拼命。**

這個答案幾乎從我照顧的每位男性病患口中說出，他們錯過了孩子的成長期，也沒有好好陪伴另一半。女人也會談及這個遺憾，但因為過去的時代，多數女人都不養家糊口，所以這個遺憾沒男性那麼多。我照顧的所有男人都深深後悔花太多時間在職場裡了，如同站在停不下來的跑步機上面。

**第三，我希望有勇氣表達自己的感受。**

許多人為維持和平，會隱藏自己的感受。結果，他們安於平庸，不敢為自己的夢想挑戰。許多人都帶著痛苦和抱怨生存，最後發展為疾病，鬱鬱而終。

**第四，我希望和朋友保持聯繫。**

人們往往意識不到老友的可貴，直到生命剩沒幾個日子的時候。而那時，也不是總能聯繫到對方。許多人陷在自己的生活裡，任由珍貴的友誼消弭於時光。很多人非常遺憾沒把時間留給朋友，沒有為對方付出精力。臨終時，每個人都懷念朋友。

**第五，我希望自己更幸福。**

這是非常普遍的遺憾，令人驚訝。許多人臨死前才明白，幸福是一種選擇。他們囿於舊模式和習慣，所謂的熟悉的「舒適」掌控了他們的情緒，也限制了他們的生活。而在內心深處，他們渴望傻子般的開懷大笑。

**到目前為止，你最大的遺憾是什麼？**

**在未來的生活裡，你想實現什麼，或改變什麼？**

TITLE

# 世界上最難的事：瞭解你自己

有人問希臘哲學家泰勒斯，世間什麼事最容易？

老泰說：「給別人建議。」

有人又問，世界上什麼事最難？

老泰答：「瞭解你自己。」

我們一生，都在孜孜不倦，試圖搞清楚「自己」這東西。而答案，有時清楚，我就是這樣的；有時含糊，模棱兩可，似是而非。

在《情商》一書中，丹尼爾把情商定義為：對自己情緒的控制能力和在社會上的交往能力。

他認為情商主要包含四個方面：自我意識、自我管理、社會意識、影響他人。

自我意識是個人對自身性格、行為、習慣、情感反應、動機以及思維過程的瞭解。它是情商的基礎。

在我的課程裡，我帶領著大家從快樂（興趣）、優勢、意義三個方面（如下頁圖 4-1），進行自我探索，試圖幫同學們定位其最佳職業。

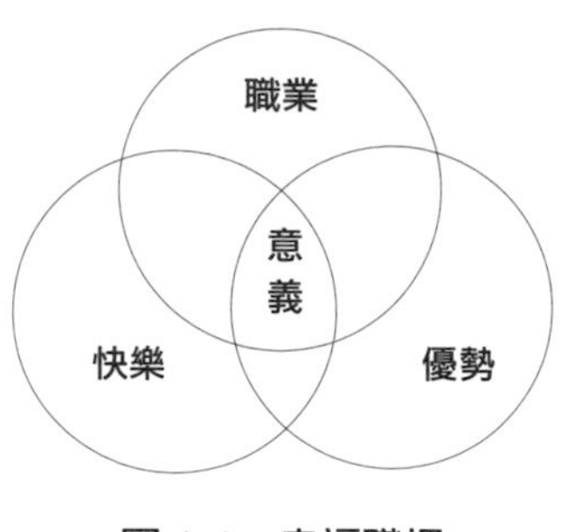


圖 4-1　幸福職場

一個讓你感到快樂，能發揮優勢，並且覺得有意義的工作，當然是 perfect job（最佳工作）了。

## 1. 興趣探索——霍蘭德代碼

一般談到興趣，我建議大家做下霍蘭德測評。美國約翰·霍普金斯大學心理學教授、著名的職業指導專家約翰·霍蘭德（John Holland），於 1959 年提出了具有廣泛社會影響的職業興趣理論。

霍蘭德認為，每個人都有自己的特質，而每種工作對人的要求也不同。

興趣是人們活動的動力，能促使人們愉悅、投入地從事某項工作。如果特質和工作能匹配，人們就會感到快樂。

他根據興趣將人們分為六大類型：

Realistic 實用型人（doer）
Social 社會型人（helper）
Artistic 藝術型人（creator）
Conventional 事務型人（organizer）
Investigative 研究型人（thinker）
Enterprising 企業型人（persuader）

R 型人適合做技術類工作，例如工程師、運動員、醫生。那些小時候喜歡拆手錶、收音機、鬧鐘，但隨後裝不回去的男孩，應該都有 R 型人的特質。

S 型人適合做與人打交道的工作，例如教師、護士、人力資源。如果沒有 S 的助人濟世情懷，做老師和護士類工作，會覺得特別辛苦。

A 型人適合做藝術類工作，例如演員、樂手、服裝設計。我認識一個護士，每次幫病人打完點滴，都會用膠布，把輸液管在病人的手上打成蝴蝶結，這種將平凡工作做出不同花樣的變化，正是 A 的表現。

而另一個裝修地板的小伙子，不等客戶要求，自己覺得鋪得不滿意，就會撬起來重新來過，表現了 A 追求完美的特質。

C 型人適合結構化程式性的工作，例如公務員、財務、行政。我近來經常到政府單位替公務員講課，奉勸準備投身公家單位的同學，如果你的測評裡 C 很低，做公務員會很辛苦。

I 型人適合研究探索性工作，例如程式設計、科學研究、數學家。那些念完碩士念博士，智商奇高的怪咖，通常是這個類型。

E 型人適合開創性工作，例如創業、行銷、管理。一般來說，我們會是幾個類型的混合，例如我的霍蘭德組合是SAE，做培訓師，還是蠻適合的。

強烈建議你們測試一下，找到適合自己的工作很重要。畢竟，所謂的職場幸福，就是做自己喜歡並能賺錢的工作。

## 2. 能力——蓋洛普優勢評估

才能優勢就是你獨特的能力，它包括三個方面：知識、技術、才能。

知識很容易透過學習和摸索獲得，例如霍蘭德代碼，還有情商這類概念，給你兩個星期，不用請教任何人，你就可以透過上網、看書等手段，成為這個領域的知識專家，和別人談起時，唬得對方一愣一愣的。

就像我現在這樣。知識很膚淺，技能就需要磨練了。吉他手知道每根手指該放哪裡，還是要忍受很長一段時間的手指的疼痛，才能自如按好 F 和絃。

**才能是能力最核心的部分，也就是天賦、性格、特質等。知識和技能決定你能否成為專家，而才能，決定你能否成為專家中的專家，高手中的高手。**

怎麼能知道自己的獨特才能呢？推薦大家閱讀《蓋洛普優勢識別器 2.0》。這本書把才能分為 34 大類，經過測評，你可以了解到自己的五大天賦。

例如我的五大天賦是：

完美。我不會滿足於將一件事情做到普通，而是要做到最好。

積極。我關注事物的積極一面，相信未來會更好。

前瞻。我總在規劃未來，描繪更美好的藍圖，勇於追求夢想。

思維。我喜歡思考，喜歡一個人獨處，除了講課和寫作，不喜歡高談闊論，不喜歡熱鬧，一盞燈、一本書、一個不被打擾的空間，是極致的舒服。

理念。喜歡探究事物間的關聯，喜歡建構自己的邏輯思維，然後用這理念，解決所有事物。

## 3. 意義

你知道自己的動力所在和力量泉源嗎？工作也好、生活也好，你的動機是什麼，如何才會覺得生命有意義？

哈佛大學麥克利蘭博士提出了三大社會動機理論，我們做事的動機，來自三個方面：成就、親和、權力（如圖 4-2）。

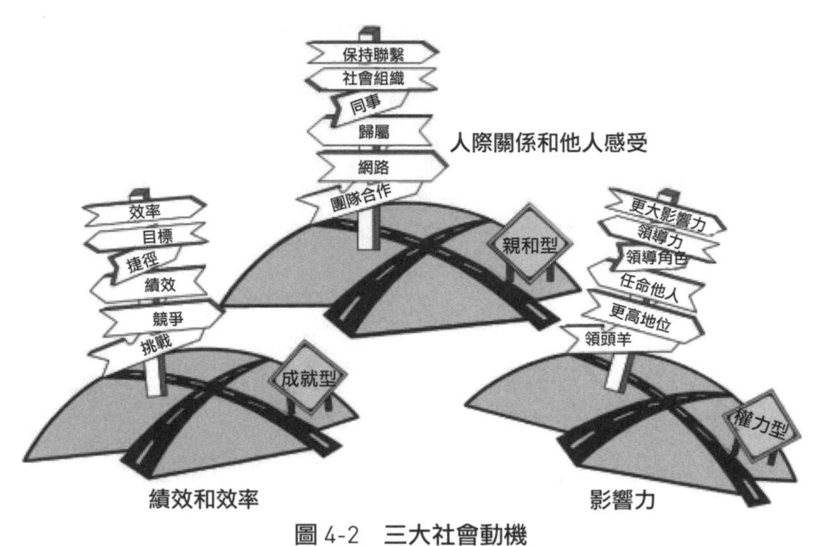


圖 4-2　三大社會動機

擁有成就動機的人，樂於挑戰自我，追求目標的達成，喜歡競爭。

擁有親和動機的人，在乎他人感受和社會關係。

擁有權力動機的人，追求地位、影響力，享受做決定和發號施令。

人們通常是兩種動機混合在一起，例如我是成就 + 親和型。

我享受挑戰自我，追求目標的完成，同時又在意他人的感受，喜歡和諧的氛圍。

所以在當年決定職業方向時，我選擇成為了改變別人的培訓師，而不是要面對衝突的 HRD。

好了，瞭解了自己的興趣，清楚了自己的能力，知道了自己的動力來源，你的自我意識，這就足夠了。

希臘德爾斐阿波羅神廟前也雕刻著箴言：認識你自己。

一旦瞭解了自己，過去的一切都有了解釋，未來的一切，都有了方向。

一旦認識了自己，我們就會更加堅定，更加平和；更加獨立，更有定見，更加從容；更能使出洪荒之力，更能表現個性。

# TITLE 最受歡迎的類型：R型人

週日午後，讀了一禮拜書的女兒，寫完作業，如同蹲監獄獲得短暫放風的囚徒，迅速打開了電視。

她要看浙江衛視的《奔跑吧兄弟》，雖然沒有她最愛的TFBOYS，但有李晨和范冰冰。除了偶爾看NBA總決賽，絕少看電視的我，跟著掃了幾眼，看完李晨帶著范爺、大鵬等人完成任務，我不禁感歎：李晨能獨佔花魁，得到范冰冰的青睞，這絕非偶然！

集智慧與勇氣於一身的李晨，如果我沒有看錯，屬於霍蘭德裡面的R型人！或者在興趣組合代碼裡有R型，在生涯規劃諮詢中，我們也常常幫助來訪者探索職業興趣，以幫助對方確定職業定位。

## R型人

性格特徵：坦率、自然、堅毅、目標明確、實際、穩健、節儉。興趣：愛與物打交道（這裡的物是指工具、器具、儀錶等），不愛與人打交道。愛做技術性強的工作，喜歡戶外活動，創造看得見、摸得著的物質產品。

特長：運動和組裝能力強，做事手腳靈活、動作協調。

這類型人，很討人喜歡。

**第一，運動能力強，喜歡戶外運動。**

在之前的《奔跑吧兄弟》節目中，李晨在腳底按摩板上揹大媽、花田裡背 Hold 住姐狂奔而獲得「大黑牛」稱號。力大無窮、肌肉健碩，吸引無數女粉絲愛慕。

說到戶外活動，李晨曾經參加過環塔拉力賽專業摩托車組的比賽，當過車隊隊長。而在 2014 年上海第三屆賽車嘉年華上，李晨與趙麗穎搭檔，在 F1 賽道上以絕對優勢獲得明星組冠軍。

**第二，組裝能力強，愛做技術性工作。**

李晨除了體力好，組裝能力也能強。在這集結尾，選手們要找到散落在各個地點的零件，維修好操作臺，將停止的瀑布恢復。

李晨帶領大家找到零件，來到操作臺前，迅速但從容地將零件歸位，還指揮說：「螺絲不用都鎖，就把對角的各鎖一個就好。」

透過這個細節，你幾乎可以想像得出：開賽車參加拉力賽，中途爆胎，助手還在呼叫維修人員，李晨已經拿著傢伙，趴下去自己動手了！

這就是 R 型人典型特徵，東西壞了自己動手修。東西沒壞，他會拆開研究破壞後再修復。

我的朋友，新精英的李春雨老師，有這樣一個比喻：

一群人去 K 歌，沒完沒了一直搶麥克風唱的是 Artistic 藝術型人。看誰都不願意唱，站起來指揮說：「都得唱啊，一人一首成名曲！」這是 Enterprising 企業型人。

而不管誰唱都跟著和，每首歌的副歌高潮都會跟著飆，是 Social 社會型人。別人唱時躲在一邊擔心，越要輪到自己越害怕那個，是 Conventional 事務型人。

所有人都嗨起來，在一旁冷眼旁觀，心中暗想：「這有意思嗎？這真的有意思嗎？這有啥意思呢？」這位是 Investigative 研究型人。

那李晨呢，Realistic 實用型人在哪裡？在點歌器那裡！拼音點歌在這裡，歌手點歌在這裡，這裡是切歌的，這是升降調，掌聲，竟然有掌聲！太有趣了！

**第三，愛與事物打交道，實際又節儉。**

R 型的李晨，在節目中，明顯不擅長與人打交道，而更樂於與物打交道，更擅長完成目標和任務。不像「完美」的、只能被撕名牌的王祖藍。也不像嬉皮笑臉，連目標地點都找不到的陳漢典。

陳漢典和小鮮肉吳亦凡搭檔，拿著地圖，竟然連地點都找不到！最後還是李晨幫他們找到地點，並透過體力較量打敗對手，幫助他們完成了任務。

說到愛與事物打交道，實際又節儉，不得不說李晨的「石頭」了。

李晨 10 歲時，用磚頭磨成三顆心，送給他媽媽；李晨後來把一顆石頭，送給朋友劉芸；之後又把一顆石頭，送給前前女友迪麗娜爾；另一顆石頭送給前女友張馨予。

真是實際啊，一律送石頭。難怪網友調侃：一顆、兩顆、三顆、四顆，一共六顆連成線。再來一顆，就可以召喚神龍了。請注意，李晨 10 歲時送給媽媽的三顆，是用磚頭手工打磨的！這只有喜歡動手的 R 型人，才做得出來。

運動能力強、喜歡戶外活動、組裝能力強、愛做技術性工作、愛與物打交道、實際、節儉，這樣的 R 型人，活躍、能幹、踏實。

TITLE

# 享受自由，擁抱你自主的時代

在這一節，我要一口氣推薦三本書給你們。《動機單純的力量》《未來在等待的人才》《未來在等待的銷售人才》，它們的作者都是丹尼爾・品克。

丹尼爾是全球 50 位最具影響力的思想家之一，TED 演講人，《紐約時報》《哈佛商業評論》等知名雜誌撰稿人。他的著作和近來炒得火熱的凱文・凱利的《必然》《失控》一樣，極其具有前瞻性。

例如在《動機單純的力量》裡，他就著重論述了，在網路時代，如何提升企業員工以及個人的行動力。這十分適合企業管理者，或者不甘平庸與寂寞、苦苦尋覓自己內在動力的個人閱讀。

怎樣管理新生代，或者 7、8 年級的員工，一直是令領導者頭疼的話題。5、6 年級的員工，相較之下容易管理。只要升職，他就會非常認命的加班去；或是加薪，他就沒日沒夜工作。

而 8 年級的小鮮肉呢，你給他升職，人家反而不樂意，我才不願意管人呢，自己一個人多自在。你給他加薪，人家是追逐著夢想來上班的，那一點零錢，我才不在乎呢。

那怎麼辦呢？丹尼爾・平克提出了提升新生代員工動力的三大祕訣：自主、專精、目標。自由和自主，是驅動所有人的首要因素。

**第一，工作內容自主。**

即員工可以決定，或至少部分決定工作的內容。這是提升員工滿意度和激發創造力的有力手段。

最近全國各地，霧霾肆虐，很多人出門都戴口罩。而大家選擇的最多、最信賴的是哪個牌子的口罩？對，就是3M。

而在3M公司，員工可以把15%的工作時間，用在和自身工作內容無關的專案上，去研究他們感興趣的題材。我們現在所用的黃色便利貼，就是3M員工在這15%的自主時間裡發明的。

而Google的員工，可以把20%的工作時間，即每週的一天時間，用於他們感興趣的領域。Google每年的發明，有一半來自這段自主時間。

**擁有自主權和掌控權，才能激發人的動力。**

有位讀者在我的微博留言說：「老師，那天讀了你寫的《年輕追求什麼穩定安心，未來你有大把時間老年癡呆》，我特別受到激勵。

「我也想趁年輕，好好磨鍊一番。但我的父母，希望我畢業後回老家，當個老師，安安穩穩地過一輩子，你覺得我該怎麼說服他們？」我回覆說：「別企圖說服。」

因為兩代人觀念和思維不同，你是不可能說服他們的。子女和父母的交流，無法完全說服，結果只是一方妥協而已。你要做的，就是別用激烈方式對抗，而是溫和地打持久戰。他們說他們的，你做你自己的。

子女和父母持久戰，你覺得最後誰會勝利？當然是孩子啊，父母毫無勝算。因為父母更愛孩子，所以即使當時不同意，甚至和你冷戰。而隔段時間，拗不過你，只能棄械投降。那如果父母要斷絕關係怎麼辦？我說了，是溫和地打持久戰，不要激烈衝突，他們大部份是嚇唬你的。

你應該經常聽說，某個孩子因為父母不支持自己的決定，自殺了。但你有見過哪個父母，因為孩子不聽自己的意見就跳樓的？幾乎沒有。

我們為何如此支持年輕人自己作選擇呢？因為自主才會激發內在動力。正所謂，自己選的路，跪著也要走完。

**第二，工作時間自主。**

未來的職場，一定是工作時間更彈性的世界。朝九晚五打卡上班，必須在規定的時間，做規定的事情，是對人性殘酷的束縛。

我經常去大學演講，認識了很多老師。老師的一大福利大家都知道，有長到令人垂涎的寒暑假。除此之外，他們一般都可以下午三四點鐘到學校附屬的幼稚園接孩子，這是多大的福利啊！

而霧霾嚴重、氣溫過高的日子，有些有人性的公司，允許員工在家辦公，員工也會感謝公司照顧員工。這就是時間自主帶來的激勵作用。雖然，他們平時都是沒日沒夜的加班狗。未來的職場，打什麼卡啊。晚點到，早點走，有事出去一下，都可以。只要完成任務就好，時間可以很自主。

**第三，工作方法自主。**

從北京去上海，可以坐飛機，也可以坐高鐵，有的人可能願意熬夜坐火車。路徑和方法不那麼重要，到達目的地就行。

未來的職場，對新生代員工，在工作方法上，也不妨給予更多自主權。事情一定要怎麼做才行嗎？未必，條條大路通羅馬。只要不出錯，請讓員工自主決定工作的方式。

美國越來越多的公司，讓電話客服人員在家辦公。現在是網路時代，能用網路解決的，何必一定得到辦公室呢？調查結果顯示，在家辦公的員工，與家人和朋友的關係、工作滿意度、對公司的歸屬感，都有很大的提升。

**第四，工作團隊自主。**

Google 的員工，不但可以把 20% 的工作時間，用在自己感興趣的項目上，而且可以在公司內部，自組團隊進行討論研發。

這個太厲害了！臭味相投的同事，當然更合得來、效率更高。未來的職場，人們對公司的歸屬感，對老闆的尊崇感，會越來越淡，而轉向對專案負責。

社會上，也會出現越來越多的達人和專家。他們不隸屬於任何組織，而是被相似的價值觀召集一起，臨時組隊，共同完成一些項目。從專案中，得到各自的價值。有時是錢，有時是自我價值的實現。專案結束或告一段落，揮一揮衣袖，不帶走一片雲彩，各自回到自己的部門。

所以，未來的世界，有兩種人會過得比較好。一種是精通某個領域的專家，他們憑技術吃飯。另一種是能夠連結這些專家的，開發合作專案或打造平臺的人。

這個時代，不需要更多的管理，而是需要加強自我管理。我們天生就是玩家，不是小兵。我們天生就是自主的個體，不是機器人。

# TITLE 你的人生，你說了算

2016 年，在上海某個大學演講，主題是「我的大學我做主——創造多彩多姿的生活。」在圖書館演講廳，約三百位同學參加了這個活動。從現場的反應和自己的感覺，我認為演講挺成功的。所以演講結束之後，一直飄飄然地挺開心的。

可是第二天早上打開微博，收到一位 A 同學的私訊：「老師，我能問一個問題嗎？」我說：「可以啊。」這位同學說：「您的講座內容不怎麼新穎，講的也都是一些前輩講過的道理。而且你到各地應該都要重複講一樣主題，這樣的生活您覺得有意思嗎？您像個知識份子一樣，大談人生哲理，但您真的明白人生的意義嗎？我覺得像您這樣有才華的人才，更應該懂得怎樣去改變一個人，而不是開個講座坐而論道！」

沉浸在成就感裡的我，被這個孩子的話嚴重刺激到了，從天堂掉到地獄。然後，我透過微博私訊和這位同學進行了交流。下面是我們的私訊記錄，為了閱讀的方便，我做了些順序調整，也稍加做了些文字修飾，但原意沒有絲毫的改變。

我：首先感謝你的關注和探討。關於你表述的觀點，我的意見是這樣的——

（1）「內容上不怎麼新穎，講的也都是前輩講過的道理。」

其實，太陽底下沒新鮮事，你從哪裡都聽不到太新穎的東西。我每年閱讀 100 本書左右，看不到太多沒聽過的新看法和新論點。講座和我的培訓一樣，大部分時間不是傳授新概念和新知識，只是喚醒你已知，但還沒有完全做到的東西。

（2）「你到各地演講都是重複的內容，這樣的生活你覺得有意思嗎？」

我在各地講的主題有重複性，但每次都不同。昨天在你們學校講的，是我全新設計的內容。而這樣的生活，我覺得有意思。我們每個人，都沒有資格去判定別人的生活是不是有意思，只要對方認為好，就好。這也是為什麼我在講座裡讓大家自己用工具找生活方向，而不是按照我說的做。

（3）「您像個知識份子一樣，大談人生哲理，但您真的明白人生的意義嗎？」

我算知識份子，但昨天好像沒怎麼談人生哲理，說的都是人話和實話。我不敢說我明白人生的意義，你覺得人生的意義是什麼？我無法明白別人生命的意義，我只能說，經過探索和思索，我明白我自己的。

（4）「我覺得像您這樣有才華的人才，更應該懂得怎樣去改變一個人，而不是開個講座坐而論道。」

謝謝你對我的認可以及認同我的才華。我應該不是一個坐而論道的人，我的行動力還蠻強的。關於如何去改變一個人，我除了演講、寫書、培訓，都是在影響和改變人。如果你認為還有改變一個人更好的方式，可以告訴我，我願意聽取意見。

A 同學：

那天剛下課我們就急匆匆地跑去，本以為有什麼可以改變人生的方法，畢竟您是知名人士，應該不會像高中聽的那些講座一樣！但最後呢，還是像老太婆的裹腳布，又臭又長，簡直是一種折磨。

我：同學，沒有什麼話，可以改變你的人生。把別人的話化為行動，才能改變人生。你覺得我的講座又臭又長，我很遺憾，佔用了你的寶貴時間，對不起。

而演講的結尾，也有同學來跟我握手，說我的演講很棒，我會替他們感到高興。兩三百人，我沒有能力讓所有人都認同我的講座。我不是神，我沒那麼大能耐。即使是神，也沒能力讓所有人都信服。

A 同學：

並不是這樣的，老師！我是覺得您是個有能力的人，是個有才華的人，您可以嘗試著改變自己、改變方式，我想您一定可以成為一個改變他人的人！畢竟我用不著浪費網路流量和時間來罵一個與我毫不相干的人！老師，我相信你！

我：沒有，澄清一下，我並不覺得你罵我，你的觀點也引發了我思考。

A 同學：

老師，為什麼不試著去改變一下呢，而不是重複著別人的生活？

我：你為什麼要讓我改變呢？老師一直在嘗試突破和改變，我沒有在重複別人的生活。

A 同學：

我說過，您是個有能力的人！

我：謝謝認可。我在演講，在寫書，在給別人提供知識，都是在突破和試著影響更多人。我有本職的工作，這些已經是突破了。

A 同學：

那好吧！希望能看到老師您的成功。

我：你對於成功的定義是什麼？每個人對成功的定義都不一樣，我們不能拿自己的定義去衡量別人是否成功。我在我自己的定義裡，已經很成功了。

我這兩年，比較認同這個關於成功的定義：逐步地實現，事先設定的，有價值的個人目標。從這個角度來看，我設定的目標在逐步實現，所以我是成功的，也希望將來，你能獲得自己定義的成功。

A 同學：

好的，浪費您的時間，對不起，老師再見。

我：再見！

私訊聊完後，我覺得這個事情還是蠻有意思的。關於現在的校園演講，還有這個孩子的一些觀點，我還有幾點需要補充：

第一，我不是神，我沒多麼了不起。

有時候在校園演講，來的同學沒有預期多，負責的老師會和我說：「王老師，不好意思，學生沒來那麼多。」

我通常會安慰他：「沒問題，來多少人，我就跟多少人講。我曾經做過學生會主席，我能理解辦一場活動不容易。」如果講座安排在下午，也會有同學聽到睡著，老師回頭看看我，又顯得不好意思。我會說：「沒關係，我小點聲，不要打擾了睡覺的同學。」

演講時，我儘量使用多種方式，故事、笑話、影片、遊戲等，吸引學生的注意力。即便如此，我也深知我不是神，我沒能力讓所有人認可我。即使是神，也沒辦法征服所有人。能夠有大部分人喜歡，足矣。

第二，人家覺得好，你就別逼著人家改變。

在上面的對話裡，A 同學問了我幾次：「老師，你為什麼不試著去改變一下呢？」我有些納悶，我活得好好的，很自在，你為什麼要問我這個問題，為何要逼著我改變呢？

前些日子，一位網友留言：「王老師，我有個朋友，非常消極，總是滿腹牢騷，總覺得自己對現實無能無力，我們應該怎樣幫這個朋友？」

我的幾位諮詢界的朋友，如趙昂老師、于翠霞老師，紛紛表示：「人家消極，人家滿腹牢騷，人家沒急著改變，你著急什麼呢？每個人有決定自己生活的權利，皇帝不急急死太監。」

**雞蛋，從外打破是食物，從內打破是生命；人生，從外打破是壓力，從內打破是成長。所有的改變，都是由內而外發生的，這樣的改變，才會充滿動力，才會恆久。**

我在農村長大，要給馬喝水的時候，要它主動低頭喝才行。你按著馬的頭非要它喝，它會強烈地抗拒，搞不好還會衝撞你，甚至踢你。所以你不能逼我改變，我也不會逼你們改變。

我們的演講、我們的文字都是針對那些想要改變的人。他們不甘現狀尋求突破，而我們的話語、我們的文章，恰逢其時地出現，會指引他們，會增加他們的動力。**那些安於現狀不願動彈的人，可能是痛得不夠。痛夠了，就行動了。我們永遠無法叫醒一個裝睡的人。**

第三，人生的意義到底是什麼？

首先，人生本無意義，是我們賦予了人生意義。或者說，你認為人生的意義是什麼，它就是什麼。其次，誰都不能告訴你人生的意義到底是什麼。別人告訴你的，都是他們自己的，不是你的。你需要找到屬於你自己的人生意義，並成長為自己的樣子。

我會儘量把演講做得更吸引人，不過，不會奢望所有的聽眾都喜歡。我們做的事，如果是好事，不妨害別人的利益，能夠得到大部分人喜歡就好。

# TITLE 用力讚賞他人的努力

早上我非常興奮地搖醒女兒：「起來，快起來。」她一如既往地抱怨:「厚，再讓我睡一下啦。」我拿著手機誘惑她:「有個朋友，用烏克麗麗彈唱《青春修煉手冊》，你要不要聽？」

她睡眼惺忪，一骨碌轉過身道：「我要聽！」她是大陸男團TFBOYS的鐵粉，對他們的歌毫無抵抗力。我點開影片，伴著甜甜的女聲，烏克麗麗俏皮的節奏傾瀉而出。

這是昨晚一個朋友分享到微信群組裡的。她受到我練吉他的鼓舞，用了一年時間，學會了烏克麗麗。她的彈唱真好聽，我和妻子都被感染了。而我那個七、八歲頑皮的女兒，撇著嘴，有些嫉妒有些不屑地說：「這句走音了，哼！好幾句都唱不準，唱的一點也不好。」

聽到她的批評，我心中十分不悅。關掉影片後，我對她說：「女兒啊，我該如何拯救你這可憐的女孩啊。」或許你還太小，不能完全理解和接受。「但老爸想跟你說，你要學會欣賞和讚賞！你不是歌唱比賽的評審，不用那麼毒舌。對於別人的努力，我們最應該做的，就是讚賞。」

是的，每一個人的努力和付出，都值得讚賞。而我們身邊，總有些陰氣沉沉故作清高的評論家。有人跑個半馬曬照在臉書，他馬上批評：「有啥了不起，有種你跑全馬啊。」有人比賽得個獎，又會有人酸言酸語說：「平時成績都不如我，驕傲什麼啊。」有人鼓起勇氣唱一首歌，他眉頭一皺：「我的媽呀，還不如殺了我。」

這毒舌的觀眾，最為討厭。雖然有時候，他們顯得有些笨拙、有些蹣跚、有些幼稚。但那是努力、那是勇氣、那是積極的態度，這都值得我們鼓掌。

前些日子，寫過一篇文章，談到找我諮詢的兩個孩子。我在文章裡說：「他們的目標已經非常明確，但遲遲不見行動，真是讓人無法理解，也太讓人著急。」

其中一個孩子讀到文章，留給我一篇長長的訊息。雖然我已經在文章裡進行了化名，但她知道我是在說她。她說：「老師您不應該那樣說我，每個人都背負著自己的包袱，有自己的生存處境，我要做出選擇和採取行動，沒有您說的那麼輕鬆。」

她的回覆，刺痛了我，讓我汗顏。以己度人，擅加評斷，是我們經常會犯的錯誤。這個世界，充滿著不公平。你機敏聰慧，人家資質平平，智商就不公平。你天生麗質，人家長相普通，顏值就不公平。每個人都受到原生家庭和所處環境的限制，所以，你認為的理所當然，或許人家已經用盡全力。你嗤之以鼻不屑一顧，或許是人家傾其所有的付出。

每一份努力，都值得讚賞，而不是打擊、不是批判、不是挑剔。更何況，那些冷言冷語的評論家，還不一定比別人強，不一定更行。他們只是用諷刺，掩飾自卑；用打擊，讓別人不求進取，淪為自己的同類；用不屑一顧，遮掩自己少得可憐的勇氣。

**不如你的人，才會在背後捅刀，才會冷嘲熱諷。比你優秀的人，哪有時間理你？真正自信的人，是謙和、包容的。他們自己好，也容得下別人好。你好、我好、大家好。大家好，才是真的好。對別人的努力、別人的好，我們最要學會的是欣賞。**

# TITLE 比過節更有意義的事

第一個，是我能記得的最久遠的春節，我那時大約七、八歲。除夕夜那天晚上，一家七口人吃年夜飯。父母加我們兄妹五個，桌上有一大碗紅燒肉。

兩杯酒下肚，我爸起了童心，用筷子指著碗裡特別大的一塊肥肉，對最小的我說：「你要把這塊肉吃了，我就給你十塊錢買鞭炮。」對七、八歲的農村男孩來說，過年玩鞭炮是最大的誘惑，十塊錢可以買一串的小鞭炮了！

而我，從來不吃肥肉，我夾起了那塊肉。到現在我還記得，那塊肉，豬皮是暗紅色，頂端是一小塊黑黑的瘦肉。瘦肉和豬皮之間，連著一大塊油膩膩的肥肉，非常非常的大。

我猶豫了半天，始終沒勇氣把肉放到嘴裡。哥哥和姐姐們開始起哄，我爸又說：「你吃了，我就給你錢買鞭炮。」我閉著眼，把肉塞到嘴裡，那股肥膩感直達胃部！我一陣噁心，差點把肉吐出來。我不敢咀嚼，直接把肉吞進喉嚨，肉塊太大，噎在喉嚨處，我伸長脖子努力吞咽。眼淚都快流出來了，終於把那塊肥肉吞了下去！

我爸後來兑現諾言，給了我十塊。我買了一串鞭炮，捨不得一次放完。把整串鞭炮拆開來，每次拿幾個，一個一個放。

第二個，是我大三那年春節，放寒假沒回家，在學校打工賺學費。除夕那天晚上，我和隔壁社會學系幾個沒回家的同學，在我們宿舍，用一個小卡式爐，炒了幾個菜，買了點花生、瓜子、榨菜，一起過年。

記得我炒了個蒜黃炒蛋，那是這輩子我炒的第一個菜。幾個窮人家的孩子，邊喝酒，邊用一個小黑白電視看春晚節目。開始還有說有笑，而當陳紅出場，唱那首每年春節期間，都會被反覆播放的《常回家看看》時，頓時我們都沉默了。社會學系一位蘇姓同學，眼睛裡濕濕的，舉起酒杯說：「來，乾一杯！」我們紛紛舉杯乾了。

正月初一到初八，在夜市賣了幾天彩券，賺了點錢。在宿舍又待了幾天，實在非常想家。

正月十三，忍不住買了車票，坐了 22 個小時火車，我回到了家。綠皮火車，半夜時分到家鄉的小站。東北的夜非常乾冷，皓月當空，只有我一個人下車。

月臺上，有一位穿得厚厚的、矮矮的母親在等我，我小跑步過去，扔下行李，和她擁抱在一起。母親拍著我的背說：「兒子，媽好想你。」我摟著她的背說：「我也想你。」那是成年以後，我第一次擁抱母親。

第三個是，工作第一年，生活非常困頓。我孤身一人，跑到天津一家混凝土公司工作。

除夕夜時，同事們都回家過年，我在公司的攪拌站值班。偌大的廠區，整齊地停放著一輛輛混凝土攪拌車。推開警衛室的大門，寒風呼地一下撲面而來。

滿耳都是劈啪的鞭炮聲，滿眼都是絢爛的煙花，內心非常孤單。我拉緊身上的大衣，又返回值班室。打電話給剛認識不久的女朋友，跟她說：「我很想你。」正月初五，女朋友就從家返回天津陪我。

在天津車站，我到月台接她。火車慢慢停下，我在月台上，看到車窗裡的她，她也看到了我，我們相視而笑。多年以後，偶爾聊到那個春節，妻子說：「那天隔著車窗，看到你嘴角的笑，我就覺得，那麼早從家裡趕回來，一切都值得。到現在，我還能想起來你那天的笑容。」

我說：「那天隔著車窗看到你，我覺得內心很溫暖。一直以來，我都是個浪子。而你，讓我感到幸福而安定。」

春節年年有，記憶最深的，只有那麼幾個。因為父母、妻子、孩子，是我生命裡最重要的存在。

Orange Money 08

# 不要在該磨練的年紀選擇安逸

42堂價值百萬的職場心法！

作者：王鵬程

**出版發行**

橙實文化有限公司 CHENG SHI Publishing Co., Ltd
粉絲團 https://www.facebook.com/OrangeStylish/
MAIL: orangestylish@gmail.com

---

**作　　者**　王鵬程
**總 編 輯**　于筱芬　CAROL YU, Editor-in-Chief
**副總編輯**　謝穎昇　EASON HSIEH, Deputy Editor-in-Chief
**行銷主任**　陳佳惠　IRIS CHEN, Marketing Manager
**美術編輯**　亞樂設計
**製版／印刷／裝訂**　皇甫彩藝印刷股份有限公司

---




**編輯中心**

ADD ／桃園市大園區領航北路四段 382-5 號 2 樓
2F., No.382-5, Sec. 4, Linghang N. Rd., Dayuan Dist., Taoyuan City 337, Taiwan (R.O.C.)
TEL ／（886）3-381-1618 FAX ／（886）3-381-1620

**經銷商**

聯合發行股份有限公司
ADD ／新北市新店區寶橋路 235 巷弄 6 弄 6 號 2 樓
TEL ／（886）2-2917-8022　FAX ／（886）2-2915-8614

**初版日期 2019 年 9 月**